恋と呼ばせて

鶴嶋乃愛

Let me call you “love”
Noa Tsurushima

みなさま、鶴嶋乃愛です。

この本に出会ってくれてありがとうございます。

ページをめくるたび、ドキドキしながら見てくれるとうれしいです。

では、鶴嶋の世界へ行ってらっしゃい♥

言われてうれしいお言葉　唯一、好き

いまの気持ちを色に例えると
ピンク。心に余裕があるし、この本を
みなさんの手にとってもらえると考えると
ドキドキしてたまらないから…

好きな言葉 ロマンティック

好きなおしゃれ
色気とカッコよさのあるファッション

好きな花
薔薇、椿、ラベンダー、かすみ草

好きな人間 まっすぐな人

好きな動物 ハムスター

好きな画家 アンリ・マティス

好きな漢字 愛

好きな数字 1

好きな漫画家 安野モヨコさん

好きな紅茶 アッサム、カシス系

好きなチョコレート
キャラメルガナッシュが
はいったボンボンショコラ

好きな映画
「月曜日のユカ」「渇き。」

Name 鶴嶋乃愛

Birthday　2001.05.24

Zodiac signs ふたご座

長所 考え深いところ

短所 考えすぎるところ

Noa's Profile

ロマンティックなもの 3
♥ 心の余裕 ♥ 色気のあるファッション ♥ 赤いルージュ

fuwamily への愛のお言葉
私を唯一無二の存在にしてくれてありがとう
ございます。ずっと、愛しています。

性格をひとことで表すと 不思議な人
小さいころの自分をひとことで表すと とてつもなくマイペース
チャームポイント 全部♥
休日の過ごし方 自分の好きなことだけをする
自分を花に例えると 赤い薔薇
恋に落ちたときの気持ちをひとことで♥ 盲目
理想の結婚相手 対等でいられる人、お金と仕事と女、つまり生き方にだらしなくない人

恋と呼ばせて

Let me call you “love”
Noa Tsurushima

目次

二・みなさま、鶴嶋乃愛です。
三・プロフィール
六〜三一・鶴嶋乃愛の世界その一
三二〜四七・君と鶴嶋乃愛の一週間
四八・お気に入りアイテムリスト
五〇・ロマンティックさとモードな個性
五二・美白ファッション
五四・鶴嶋乃愛の肌・顔・髪・脚
五六・毎日調子がいい肌になるスキンケア術
五八・みんなが羨むサラサラ髪の作り方
六〇・小悪魔ボディーのサイズについて
六二・リピ買いスキンケアレビュー
六四・メイクで色々な鶴嶋乃愛
六八・可愛く生きる31の事
七〇・鶴嶋乃愛写真館
七四・乃愛が答える一〇〇の質問
七八・#のあにゃんしか勝たないにゃん
八二・鶴嶋乃愛と写真と詩と…
八六・鶴嶋乃愛とポップティーンのエトセトラ
九〇・あの方からサプライズメッセージ
九二・君の笑顔が好き♡
九四・のあにゃん〜鶴嶋乃愛までのファッション歴史館
九八・黒乃愛&白乃愛
一〇〇・乃愛のお仕事色々
一〇二〜一一三・鶴嶋乃愛の世界その二
一一四・鶴嶋乃愛が語る鶴嶋乃愛ものがたり
一二二・WE LOVE NOANYAN♡
一二六・愛すべきfuwamilyへ
一二八・ショップリスト&スタッフリスト

... rality of the recep-
tion of the result of the

... Doctor will
... you think that figure

... my profession he will
... have performed a per-
... that the people have
... on the tariff question
... of protection."

... your views regard-
... situation?"
... ly engaged in watch-
... anything about that."
... ardedly. "I am pro-
... attention that the
... liven to my speeches,
... express my thanks,"
... ried off from the ho-
... meeting at Court-
... expects to leave
... and will speak at
... evening, and Monday
... dress the citizens of

Chunk.

... Chunk
... tiful, and
... Gen. Lilly
... ninn and
... rest. Am-
... a, the first
... region, w
... aching fro
... distance to
... nk years
... have bee
... to be exb
... rough
... coal field
... vers, the
... of the shi
... turcsque o
... tainly a r
... bands I
... hril facto
... rival of
... ting over
... in the o
... people of
... benator f
... Lieutenant
... A. M. I
... sburg, M
... of the gh
... and into
... ine, who
... s, Mr. I
... turiff, r
... though I
... f Republi
... States ha
... civilized

... on exports
... closed tl
... that was ever expo
... first planted in th
... Inauguration of Pres-
... a thousand millions of
... how how industrious
... cotton is raised by
... classes which cannot
... in that whole region.
... negro, the South
... a trade. It is impos
... skilled—and it rapidly
... great many of the minor
... ult greatly to the dis-
... classes in the North,
... erely, I think, when I
... to fight this gigantic
... orers in this country, I
... arrested, if not de-
... serious injury to
... United States.

White Haven.

... Mauch Chunk to the
... track and the journey
... a stop of an hour wa
... two meetings were
... and another at Haz
... to addressed by Mr.
... turned out, and
... still. The workshops
... argely to the audience,
... people. Senators Da-
... to briefly.
... ext stopping place,
... it made up in en-
... in numbers. When
... the train he received
... He spoke from the
... hile Mr. Blaine was
... ackbead wagon drove
... interrupted him. "I
... woman," said Mr.
... a locomotive began to
... cossant tooting. This
... shurt his speech with

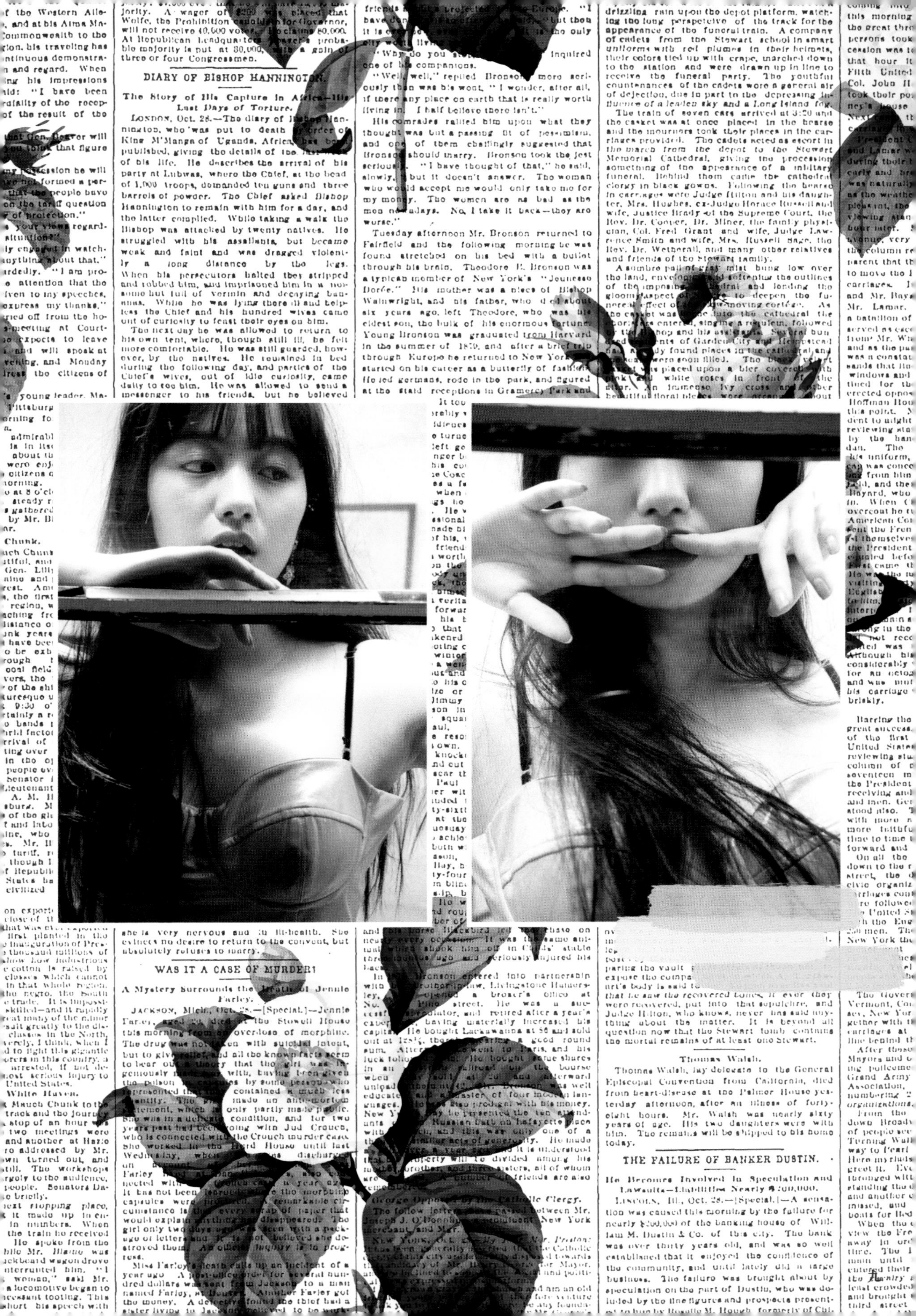

DIARY OF BISHOP HANNINGTON.

The Story of His Capture in Africa—His Last Days of Torture.

LONDON, Oct. 28.—The diary of Bishop Han-
nington, who was put to death by order of
King M'Manga of Uganda, Africa, has been
published, giving the details of the last day
of his life. He describes the arrival of his
party at Lubwas, where the Chief, at the head
of 1,000 troops, demanded ten guns and three
barrels of powder. The Chief asked Bishop
Hannington to remain with him for a day, and
the latter complied. While taking a walk the
Bishop was attacked by twenty natives. He
struggled with his assailants, but became
weak and faint and was dragged violent-
ly a long distance by the legs.
When his persecutors halted they stripped
and robbed him, and imprisoned him in a noi-
some hut full of vermin and decaying ban-
anas. While he was lying there ill and help-
less the Chief and his hundred wives came
out of curiosity to feast their eyes on him.

The next day he was allowed to return to
his own tent, where, though still ill, he felt
more comfortable. He was still guarded, how-
ever, by the natives. He remained in bed
during the following day, and parties of the
Chief's wives, out of idle curiosity, came
daily to see him. He was allowed to send a
messenger to his friends, but he believed

... she is very nervous and in ill-health. She
evinces no desire to return to the convent, but
absolutely refuses to marry.

WAS IT A CASE OF MURDER?

A Mystery Surrounds the Death of Jennie Farley.

JACKSON, Mich., Oct. 28.—[Special.]—Jennie
Farley, aged 24, died at the Stowell House
this morning from an overdose of morphine.
The drug was not given with suicidal intent,
but to give relief, and all the known facts seem
to bear out a theory that the girl was fic-
 -geniously murdered with having been given
the poison capsules by some person who
presented them contained a much less
... antity. The ... made an anti-mortem
tement, which ... only partly made public.
She was in a delicate condition, and for two
years past had been living with Jud Crouch,
who is connected with the Crouch murder case.
She worked in the Herd House until last
Wednesday, where ... discharged

... Farley
... nected with ... a year ago.
... It has not been located since the morphine
... capsules were ... remarkable cir-
... cumstance is ... every scrap of paper that
... would explain ... things had disappeared. The
... girl only two days ago ... seen with a pack-
... age of letters and ... not believed she de-
... stroyed them. An official inquiry is in prog-
ress.

... Miss Farley's death calls up an incident of a
... year ago. A post-office order for several hun-
... dred dollars was sent from Jackson to a man
... named Farley, in Denver. Another Farley got
... the money. A detective found the thief had a
... sister living in Jackson ...

... friends ... Europe.

... have de ...
... it is de ... the only
... city with ...

... "Why do you ... inquired
one of his companions.

... "Well, well," replied Bronson, more seri-
ously than was his wont. "I wonder, after all,
if there any place on earth that is really worth
living in. I half believe there isn't."

His comrades rallied him upon what they
thought was but a passing fit of pessimism,
and one of them chaffingly suggested that
Bronson should marry. Bronson took the jest
seriously. "I have thought of that," he said,
slowly, "but it doesn't answer. The woman
who would accept me would only take me for
my money. The women are as bad as the
men nowadays. No, I take it back—they are
worse."

Tuesday afternoon Mr. Bronson returned to
Fairfield and the following morning he was
found stretched on his bed with a bullet
through his brain. Theodore E. Bronson was
a typical member of New York's "Jeunesse
Dorée." His mother was a niece of Bishop
Wainwright, and his father, who died about
six years ago, left Theodore, who was the
eldest son, the bulk of his enormous fortune.
Young Bronson was graduated from Harvard
in the summer of 1879, and after a brief trip
through Europe he returned to New York,
started on his career as a butterfly of fashion.
He led germans, rode in the park, and figured
at the stand receptions in Gramercy Park and

It took ...
... erally v
... idences
... o turne
... left ge
... nger b
... his col
... e Conc
... as a fr
... when
... gs bo
... He w
... ssional
... made bl
... of his, a
... worthy
... on the ...
... ck, tho
... bimse
... verita
... forwar
... his b
... that
... kened
... oting c
... winte
... a wee
... out and
... to his c
... lze or
... Jimmy
... son in
... squal
... aul,
... e reso
... own.
... knock
... nd cut
... scar ...
... r wit
... nded
... ty-sixth
... at the
... usuay
... achle
... both w
... ason,
... Hay, b
... ty-four
... in blin
... lip, b
... He w
... nd roun
... ber of

... and his horse Blackbird led the chase on
nearly every occasion. It was the same ani-
mal, being shook his off in Clark's stable
three months ago and seriously injured his
... Bronson entered into partnership
... brother-in-law, Livingstone Univers-
... opened a broker's office at
No. ... street. He was a suc-
... peculator, and retired after a year's
... having materially increased his
... He bought Lackawanna at 84 and sold
out at 103½, thereby clearing a good round
sum. After that he went to Paris, and his
luck followed him ... He bought some shares
in an ... railroad on the bourse
when ... market at 82.70 and afterward
unloaded ... about the top ... he was
educated ... master of four modern lan-
guages. ... two prodigal with his money.
New York ... by presented the ten attend-
ants ... Russian bath on Lafayette place
with ... and this was only one of a
... similar acts of generosity. He made
... properly ... it is understood
... brother and three sisters, all of whom
... number of friends are also

---

drizzling rain upon the depot platform, watch-
ing the long perspective of the track for the
appearance of the funeral train. A company
of cadets from the Stewart school in smart
uniforms with red plumes in their helmets,
their colors tied up with crape, marched down
to the station and were drawn up in line to
receive the funeral party. The youthful
countenances of the cadets wore a general air
of dejection, due in part to the depressing in-
fluence of a leaden sky and a long Island fog.

The train of seven cars arrived at 3:20 and
the casket was at once placed in the hearse
and the mourners took their places in the car-
riages provided. The cadets acted as escort in
the march from the depot to the Stewart
Memorial Cathedral, giving the procession
something of the appearance of a military
funeral. Behind them came the cadets in
carriages were Judge Hilton and his daugh-
ter, Mrs. Hughes, ex-Judge Horace Russell and
wife, Justice Brady of the Supreme Court, the
Rev. Dr. Cooper, Dr. Miner, the family physi-
cian, Col. Fred Grant and wife, Judge Law-
rence Smith and wife, Mrs. Russell Sage, the
Rev. Dr. Wetherall, and many other relatives
and friends of the Stewart family.

A sombre pall of gray mist hung low over
the land, enveloping and softening the outlines
of the imposing cathedral and lending the
gloomy aspect of ... to deepen the fu-
nereal effect of ... slow-moving cortège. As
the casket was ... into the cathedral the
choir, as entered, sang the requiem, followed
... the bishop and his assistants. Behind the
... many body found places in the cathedral and
... were soon filled. The ... was
... placed upon a bier covered with
... and white roses in front of the
... An immense ivy cross and other
... beautiful floral pieces were arranged about

... the vault ...
... explore the compu...
... art's body is said to ...
... that he saw the recovered bones, if ever they
were recovered, put into that sepulchre, and
Judge Hilton, who knows, never has said any-
thing about the matter. It is beyond all
question now that the Stewart tomb contains
the mortal remains of at least one Stewart.

Thomas Walsh.

Thomas Walsh, lay delegate to the General
Episcopal Convention from California, died
from heart-disease at the Palmer House yes-
terday afternoon, after an illness of forty-
eight hours. Mr. Walsh was nearly sixty
years of age. His two daughters were with
him. The remains will be shipped to his home
today.

THE FAILURE OF BANKER DUSTIN.

He Becomes Involved in Speculation and Lawsuits—Liabilities Nearly $200,000.

LINCOLN, Ill., Oct. 28.—[Special.]—A sensa-
tion was caused this morning by the failure for
nearly $200,000 of the banking house of Will-
iam M. Dustin & Co. of this city. The bank
was over thirty years old, and was so well
established that it enjoyed the confidence of
the community, and until lately did a large
business. The failure was brought about by
speculation on the part of Dustin, who was de-
luded by the fine figures and prospects present-
ed to him by ... formerly of Chi-

... President
... and Lamar
... during their
... curly and br
... was naturally
... as the weather
... pleasant, the
... viewing stan
... hour later. ...
... avenue, very ...
... the column re ...
... parent that th ...
... to move the l ...
... carriages. M ...
... and Mr. Roya ...
... Mr. Lamar. ...
... a battalion of ...
... served as esce ...
... from Mr. Wi ...
... and as the pro ...
... was a constant ...
... stands that hu ...
... windows and ...
... lined for the ...
... erected oppos ...
... Hoffman Hou ...
... this point. ...
... and to night ...
... reviewing sta ...
... by the Eng ...
... dan. The ...
... his uniform, ...
... cap was conce ...
... ing from him ...
... field, and the ...
... Hayard, who ...
... in. When Co ...
... overcoat he tu ...
... American Co ...
... sent the Fre ...
... st themselves ...
... the President ...
... bowed before ...
... and came th ...
... He was the ...
... visiting Engl ...
... English ...
... to him, ...
... introduced ...
... spoken a ...
... long in the ...
... not rece ...
... dent was ...
... Although his ...
... considerably ...
... for an actor ...
... and was nui ...
... his carriage ...
... briskly.

... Barring the ...
... great success ...
... of the ...
... United State ...
... reviewing st ...
... column of r ...
... seventeen ...
... the President ...
... receiving and ...
... and then. Ge ...
... stood also. T ...
... with more n ...
... more faithfu ...
... time to time ...
... forward and ...
... On all the ...
... down to the r ...
... street, the d ...
... civic organi ...
... re followed ...
... United State ...
... the Eng ...
... 200 men. ...
... The ...
... New York th ...

... The Gover ...
... Vermont, Con ...
... ney, New Yor ...
... gether with th ...
... carriages at ...
... line behind tl ...
... After thos ...
... Mayors and ...
... of the policeme ...
... Grand Army ...
... Association, ...
... numbering 2 ...
... organizations ...
... From the ...
... Down Broadw ...
... of people we ...
... Turning Wall ...
... way to Pearl ...
... Here my ...
... greet R ...
... thronged with ...
... standing the d ...
... and another ...
... missed, and ...
... boats for the ...
... When the ...
... away from th ...
... tire. The ...
... main until ...
... entered their ...
... the Avenue of ...
... least crowded ...
... and brought t ...
... third street ...

…から、こう考えた。
…は角が立つ。情に棹させば流される。意地を通せば窮屈だ。とかくに人の世は住みにくい。
…ると、安い所へ引き越したくなる。どこへ越しても住みにくいと悟った時、詩が生れて、画が出来る。
人の…は神でもなければ鬼でもない。やはり向う三軒両隣りにちらちらするただの人である。ただの人が作った人の世が住み
にくい…い。あれば人でなしの国へ行くばかりだ。…よりもなお住みにくかろう。
越す…れば、住みにくい所をどれほどか、寛容て、…でも住みよくせねばならぬ。ここに詩人
という天職が…という使命が降る。あらゆる芸術の士は人の世…人の心を豊かにするが故に尊とい。
住みにくき…煩いを引き抜いて、ありがたい世界をま…画である。あるは音楽と彫刻である。
こまかに…ただまのあたりに見れば、そこに詩…も湧く。着想を紙に…に起る。丹
青は画…も五彩の絢爛は自から心眼に映る。ただおのが住む世を、かく観じ得て、霊台…濁の俗界を
清くうららかに収め得れば足る。この故に無声の詩人には一句なく、無色の画家には尺縑なきも、かく人世を観…において、かく煩
悩を解脱するの点において、かく清浄界に出入し得るの点において、
掃蕩するの点において、…よりも、万乗の君よりも、あ

世に住むこと二十年にして…と知った。二十五
三十の今日はこう思うている。…憂いよいよ深く
てぬ。片づけようとすれば世が…大事なものが
せぬ昔がかえって恋しかろ。…人の足を支えている
食えば飽き足らぬ。存分食…とが不愉快だ。……

余の考がここまで漂流して来た時に、余の右足は突然坐りのわる
た左足が、仕損じの埋め合せをすると共に、余の腰は具合よく方三
けで、幸いと何の事もなかった。

立ち上がる時に向うを見ると、路から左の方にバケツを伏せたよ
蒼黒い中に、山桜が薄赤くだんだらに棚引いて、続ぎ目が確と見え
げた側面は巨人の斧で削り去ったか、鋭どき平面をやけに谷の底に

With
Our sweetest
「前をみては、
悲しさの、極
なるほどい
は無論の事、す

…菜の花を見ても、ただうれしくて胸が躍る…
う山の中へ来て自然の景物に接すれば、見るものも聞くものも面白い。面白いだ
いものが食べられぬくらいの事だろう。
の画として観、一巻の詩として読むからである。画であり詩である以上は地面を
了見も起らぬ。ただこの景色が——腹の足しにもならぬ、月給の補いにもならぬ
労も心配も伴わぬのだろう。自然の力はここにおいて尊とい。吾人の性情を瞬刻
る。
ろう。しかし自身がその局に当れば利害の旋風に捲き込まれて、うつくしき事に
があるか自身には解しかねる。
地位に立たねばならぬ。三者の地位に立てばこそ芝居は観て面白い。小説も見て
自己の利害は棚へ上げている。見たり読んだりする間だけは詩人である。
たり、怒ったり、…いた…。見るものもいつかその中に同化して
惑が交らぬと云う点…交らぬだけにその他の情緒は常より
は余計に活動するだろう。それが嫌だ。

苦しんだり、怒ったり、騒いだり、泣いたりは人の世につきものだ。余も三十年の…飽々した。飽き飽きした上に芝居や
小説で同じ刺激を繰り返しては大変だ。余が欲する詩はそんな世間的の人情を鼓…い。俗念を放棄して、しばらくでも
塵界を離れた心持…傑作でも人情を離れた芝居はな…した…は少かろう。どこまでも世間を…る事が
出来ぬのが彼らの特色…詩になると、人事が根本になるからいわゆる詩歌の純粋なるものもこの境を解脱する事を
どこまでも同情だとか、愛だとか、…だとか、自由だとか、浮世の勧工場にあるものだけで用を弁じている。いくら詩的になっても地面…
上を馳けてあるいて、…がない。シェレーが雲雀を聞いて嘆息したのも無理はない。

うれしい事に東洋…がある。採菊東籬下、悠然見南山。ただそれぎりの裏に暑苦しい世の中をまるで忘れた…
出てくる。垣の向うに隣りの娘が覗いてる訳でもなければ、南山に親友が奉職している次第でもない。超然と出…損得…
去った心持ちになれる。独坐幽篁裏、弾琴復長嘯、深林人不知、明月来相照。ただ二十字のうちに優に別乾坤を建…ている。この乾坤の功
徳は「不如帰」や「金色夜叉」の功徳ではない。汽船、汽車、権利、義務、道徳、礼義で疲れ果てた後に、すべてを忘…込む

…かに聞える。せっせと忙し
…は瞬時の余裕もない。のど
…く、いつまでも登って行く。
…なって、ただ声だけが空の
…える。雲雀はあすこへ落ち
…文字にすれ違うのかと思っ
…くなる。ただ菜の花を遠く
魂全体が鳴くのだ。魂の活
が詩である。

うゔゅー
うゔゅー
うゔゅー

love you

見ちゃだめ

27

むかしと違って、
何かを発言する前に一度頭の中で考えるようになったし、
嫌なことがあっても顔に出さないで心の中で処理できるようになった。
オトナになった…というんでしょうか(笑)。
おしゃれの系統もいろいろと変わったかな。
中学生のときは、リボンでフリフリで甘々っていうのが好きで、
当時から古着は買ってたけどレースのランジェリーばっかり。
そこからダーク系の毒っけガーリーに進化したものの、
自分の中でピンとこなくて、早々と退散(笑)。
次にハマったのが韓国スタイルで、とくに、黒×ピンクの
甘オルチャンは長く続いてた。
でも次第にピンクを着ることが
自分の中で変な義務感になってきて…。
ピンク=乃愛って方程式がストレスになってたし、
ファッションの幅を狭めてたんだと思う。
だけど高2の終わりから、
ピンクはピンクでもくすみ系や深い色味のものを選択したり、
ときにはピンクを取っ払ったりしたら、すごく自由になれた。
ロマンティックな中にモードな要素がINした、
おしゃれでカッコいいビンテージが気になる。
ちなみに、変わってないことは、
何事に関してもこだわりが強いこと。
そして、自分を可愛く、よりよく見せるためには
妥協もラクもしないこと。
これはきっとこの先も変わらないと思うし、変えたくない。
女優のお仕事もはじまって、
これからも変化することはあると思うし、
成長するためには変化が必要。
だれかと比べるのではなく、自分の満足のいく自分を追求したい。
それがいまの本音。

君と鶴嶋乃愛の一週間

Welcome to Noa's "vintage" fashion world.

もしも鶴嶋乃愛が僕の彼女だったなら…。そんな妄想をかきたてる、ノスタルジックなファッションストーリーがここにはある。
夢のように甘くて儚い、刹那な日々。君と鶴嶋乃愛の愛に満ちた一週間がいま、はじまる。

DAY 1

今日は近所のコインランドリーで洗濯デート

洗濯物も一緒にしちゃえば
纏う香りもお揃いだね

同棲中の君とコインランドリーに出かける日は、ササッと着替えたいからラフなスタイルを選択。古着のバンドTに、ビームスの素材感あるスカートを合わせて、足元にはSLYのブーツを…。オールブラックは異素材MIXで遊ぶと、計算してる感があって…好き♥

たまにはバスに乗って、どこか遠くの町へ♥

DAY 2

2人とも1日オフだったら、ちょっと遠出がしたい。せっかくバスに乗って出かけるんだから、お洋服にも特別感を。デザイン性のあるゴスペルのブラウスとハニーミーハニーのスカート、靴はマルジェラ。いつもより女のコっぽいスタイルに君の目もきっとクギヅケ。

知らない場所に行くのは
怖いけど
I'm so glad we get to hang out and go to fun places together.
君と一緒なら
何故か無敵になった気がするの

帰り道のアイスクリームが好きなのおめかしした日は寄り道したくなるね。

DAY 3

外で食べるソフトクリームは2人の大好物

甘いもの好きな君とアイスを買って家までの道を歩く。
一緒に食べれば、おいしさも倍だね。

甘いものを食べる日のおしゃれは辛口な気分。
ザ・バージンズのゼブラ柄パンツにクセがあるから、
ハニーミーハニーのトップスとミュウミュウの
パンプスで品のよさをプラス。

DAY 4

昭和っぽい路地で2人だけの特別な時間を♥

記念日はミニスカートをはいて、お祝いしてあげる。
シスタージェーンのブラウスはビジューつきで
特別感がたっぷりだし、ザ・バージンズのタイトミニと
ロングブーツからのぞく、レースのタイツも素敵♥
来年の記念日もこの路地裏で、
君と一緒の時間を過ごしたいな。

君との記念日は
いつも以上に女の子になるの。
これからもずっと一緒に居てね

DAY 5

ジャンクなフードで、ジャンクなデート

突然2人して無性にハンバーガーが食べたくなったから、
ディナーデートの舞台はファストフード。
古着のTシャツにハイドのレザー風スカートで、
ラフなのに女性っぽいスタイル…をコーデの
テーマにしてみたの♥　食べ過ぎそうになったら、
ちゃんと注意してね。

Sleep, eat food, have visions

たまにはジャンクフードでも食べて

2人で羽目を外そう

罪悪感？それも2人なら半分こ

君とは同棲しているから、この部屋は2人にとって
いつでも恋する空間。スタイルナンダの白の
甘いブラウスは、古着のミント色パンツと
相思相愛。そう、まるで私たちみたいに…。
君はすぐに私の頭をなでるから、大好きな写真に
集中できないけど、許してあげる。

DAY 6

なにげないからこそ愛おしい部屋という空間

おうちで君と居る時間が

私は一番好き、

誰にも邪魔されない2人だけの世界

雨の日は自然と距離も近くなる、

一緒の傘で帰ろうね

DAY 7

雨と傘と君、そして鶴嶋乃愛。それがすべて

雨の日は得意じゃないけど、相合傘をすると
君との距離が近くなるから、嫌いじゃない。
憂鬱な雨のとき、着たくなるのは、
ラズベリーパイのワンピース。一面にお花が咲いているから、
2人の心の中は晴れるでしょ？
ねぇ、手をつないで今日も家まで一緒に帰ろ。

NOA's FAVORITE

「お気に入りアイテムリスト♥」

最近、持ち歩いているヘビロテアイテムから普遍的に愛している、お気に入りのあれこれまで。いまの乃愛ファッションをつくるために不可欠なものばかりを、ラインナップ♥

運命の出会いをしたマルジェラのバッグは素材と形が可愛くて、大好き。バッグの中身は少ない派で、くすみピンクがキュートなプラダのお財布もミニタイプ。ミラーとリップはシャネルで、リップはルージュ　アリュール　ヴェルヴェット　エクストレム116。マットでレトロな深い色がポイント♥　フェイスパウダーはトーンで、色はラベンダー。顔にのせると肌色がワントーンアップして、透明感がでる。最近、イヤホンで聴く曲は、松田聖子さんとクリープハイプさん。

バッグの中身

オールブラックは異素材MIXで抜け感と流布をプラスしたい主義♥

Bag

Wallet

Mirror

Face Powder

Lip

Earphone

フォトブック撮影当日の私服

レザー×レースの素材合わせで遊びをきかせた、ブラックコーデ。モード感もたっぷり。

レザー調のシャツはラズベリーパイで、レースのパンツはハニーミーハニー。オールブラックって重たくなりがちだから、レースで肌を透けさせるのが好き。パンプスはミュウミュウ♥　品のあるエナメルがさすがって、かんじ。

ドクターマーチンの靴

好きな理由を語りきれないぐらい好き。ガーリーな服にあえて足元はゴツく、なギャップがたまらないの♥

オールブラックコーデっておしゃれの本領発揮ってかんじ。学校の指定靴並みに毎日マーチンをはいてたよ♥

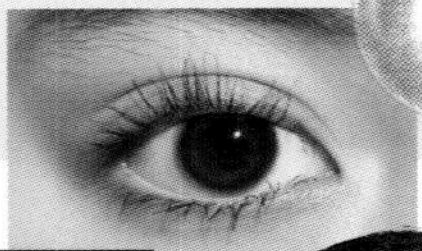

絶妙な発色と透明感が好み♥　LUCE 1day ハニーベージュ（10枚入り）¥1760／クイーンアイズ

LUCEの透けカラコン

カラコンは、断然
ス派。
大きさじゃな
く色を
足すく
といいの♪

ビンテージのゴールドアクセ

ツヤツヤじゃなくて、くすんでいるのが条件。古着屋さんで見つけるとうれしくなるの♥

シャネルのヘアバレッタやイヤリングはビンテージならではの味が出て、コーデも高見えする。トップスがTシャツでも耳に大ぶりなアクセがあるだけでこなれて見えるし、アクセやバッグはブランドアイテムを長く大事に使いたい派♥

レトロなラベンダー色

ピンクほどラブくなく、紫ほど強くない。オトナの甘さを演出できるこの色がいまの気分♥

セルヴォークのラベンダーチークで透明感を出すと、顔全体の彩度が低くなってビンテージコーデに似合う顔になるの。

小さめショルダーバッグ

可愛いバッグってサイズが小さいのが多い。もともとあまり荷物が多いほうじゃないから、ちょうどいいけどね♪

ミニスカート×ミニバッグの組み合わせってなんか好き♥　ザ・女のコっていうよりいつもどこかに〝ハズし〟を入れて、レトロにふるのが得意。

ワントーンコーデ

なかでも白のワントーンがおしゃれ上級者の証し。小物も合わせて透明カラーなのが最高に可愛い。

シャツはさりげなく斜めストライプ。このまま美術館を巡って、色々なアートの色に心を染めたい。

ファッションで欠かせないのは
女のコでよかった♡って思える

シャツは柄！柄！柄！

ビンテージCHANEL

チェーンバッグは、ママのおさがり。ママが1回くらいしか使ってなくて、状態がいいよ。

"ロマンティック"かつ"モード"な個性"

CHANELのマットリップ

ルージュ アリュール ヴェルヴェット エクストレム112。マットめでセンシュアルなフンイキ。

とくに古着のブラウスに目がない。柄シャツのときは、ほかをシンプルにするのが鉄則！

えり付きブラウス

可愛らしいブラウスに、デニムを合わせるとかもいい。えりつきコットンブラウスも好きすぎる。

キーワードは Pink Blue Black！

女っぽ×クール

コットン生地ラブ。デニムはあんまり好きじゃなかったけど、ＧＵデニムは形が可愛い。

コットンシャツ
×
ボーイズデニム

バケハってストリートなイメージがあるかもだけど、合わせ方でオトナっぽくもなるよ。

ビックアウター
×
タイトスカート

ロマンティックだけど、モードで
カッコいい感じも最近気になる。
おしゃれの幅が広がったいまだからこそ、
気になるアイテムでコーデを披露するよ♥
ピンクだけにとらわれず、ファッションでも
どんどん新しい鶴嶋乃愛を届けていきます♥

ビンテージなブルー！

ユニクロのブルーのタートルネックニットを着たのがきっかけで、似合うって気づいた。

のあにゃんの美白ファッション

紫外線対策は一年中やってる！
ふだんリアルにやっている日焼け対策を盛り込みつつ、何が何でも美白をキープするための今年の最新おしゃれテクを教えちゃうよ♪

白肌のほうが
女のコらしい服が似合うし、
自分に合ってるから
一年中120%焼きません！
byのあにゃん

涼しげブルーのニットは
見た目温度も-2℃！

黒×黒でも〝透け〟を
取り入れたら重くないよ♥

ピンクのロングボトムで
可愛く日焼け対策をする♥

エレガントに見える
リブカーデをはおって上品に♪

夏定番のTシャツはメンズサイズを選んで二の腕カバー♥

太陽の日差しを
さえぎるつば広
麦わら帽子♥

隠してるのにヌケ感あり！
トレンド感もバツグンだよ

うっすら透けて見える脚が
涼しげガールへの第一歩♥

ビッグジャケットで
ひじ下までカバーするの！

のあにゃんがリアルにやってる美白ケア24時！

一年中マシュマロ白肌をキープしてるのあにゃんの、夏のルーティンをチェック♥

8:00am

「左からプレディア プティメール ミネラルコンク ローション ホワイト、透明白肌 ホワイトローションでしっかり保湿をする♥」

10:00am

「外からの日差しが家の中にも入ってくるから、明るい時間はつねにカーテンを閉めきって完全に紫外線が入らないようにしてるよ！」

11:00am

「ラデュレ モイスチュアライジングのベースを塗ってから、フーミー コントロールカラーベース ブルーで澄んだ明るい肌に！」

1:00pm

「夏は、一瞬でも外に出るときは絶対に日焼け止めを塗ってる。ベタつかないニベアサンプロテクトウォータージェルを愛用！」

3:00pm

「真夏は日傘で日差しを防御することが大事！ 移動時間とか撮影中も油断大敵だから、つねにバッグに入れて持ち歩いてる！」

4:00pm

「本当に焼きたくないから夏は基本的には日陰にいるけど、どうしても日陰にいられないときはとにかくこまめに日焼け止めを塗る！」

10:00pm

夜のスキンケアタイム♥
寝ている間に
美白をめざす！

「寝るまえ&寝てる間も美白ケア！ 朝と同じ美白効果のある化粧水を使ってるよ。たっぷり使って、とにかく保湿してる♪」

Noa's body&beauty

のあにゃんのビューティーに関するあれこれ…。

肌

女のコの肌はうるおいで満たされていなくっちゃ。触れたい…と思わせたら、勝ち。

顔

可愛いヒミツがいっぱいで、うっとり♥

可愛いね♥ってほめられると、素直にうれしいから、時々自分でもほめてあげる♥

髪

毎日可愛くいられるために努力をおしまない

ずっとロングヘアーに恋してる。サラサラでツヤツヤの髪って、可愛いから…。

脚

脚は自分の体のなかでいちばん好きなパーツ。太すぎず細すぎず…バランスがいいの♥

体まで愛して♥

好きなものはガマンせず、夜を軽めに！

「好きなものをガマンすると体に毒だから、なるべく昼に食べるようにして、量も調節。それと、夜は軽めに♥。ちなみにお肉、ピザ、ハンバーガー、タピオカ、パフェが大好物」

毎日40分以上の全身浴とマッサージ！

グリグリほぐすときはのあにゃんポーズ★

親指と人さし指の間のフチ部分でリンパ流し

ダイエットは可愛くなるための自分への投資だと思ってる！

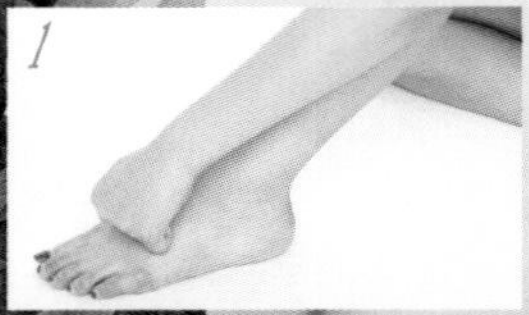

「足全体にオイルを塗ってから、手をグーにして足の甲をまずはグリグリとほぐすよ。ちょっと痛いな…って思うぐらいに強めの力でほぐすのがコツ」

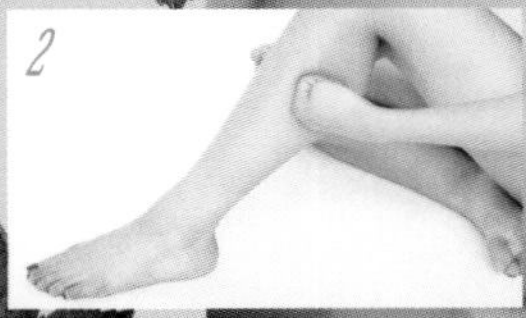

「足の甲がほぐれてきたら、次はふくらはぎ！　グーにした両手で上に向かってお肉を押し上げつつ、脂肪をつぶす感覚で強めにゴリゴリするよ！」

「最後は太もも★　ひざから太もものつけ根に向けて、グーの手でグリグリする。太ももの表と裏をとくに集中的に♥　甲から太ももまでで、だいたい10分」

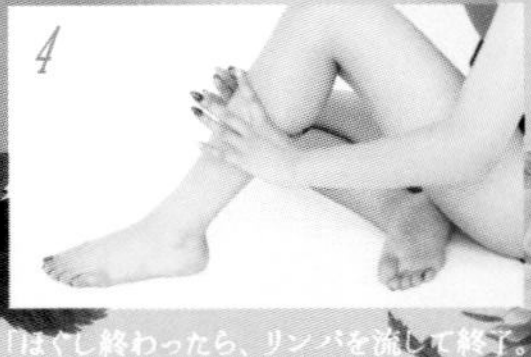

「ほぐし終わったら、リンパを流して終了。リンパを流すときは、手をパーにして親指と人さし指の間で下から上に向けてお肉をぎゅーっと流すかんじで！」

Q. 失敗から学んだものは？

A. 食べたいからじゃなく空腹になったら食べる

「ケーキが食べたいから食べるんじゃなくて、おなかがすいたからケーキを食べるっていう順番が大事。おなかがすいてるのにガマンするのはストレスだけど、すいてもいないのに食べるのは太る原因！　これを守れば食べすぎない」

Q. 失敗したダイエットは？

A. ファスティングでストレス太り…！

「ファスティングをして食べなかったら、顔がすごいむくんじゃった。乃愛にとって食べることは日々の楽しみだから、食べないのはすごいストレス。気持ちがウーッてもんもんとして、結果顔がむくむっていう最悪の結果になった」

Q. 食べすぎちゃったらどうしてる？

A. 8時間、固形物は禁止飲み物オンリーにする

「あまり食べすぎることはないけど、もしそうなったら、8時間は固形物を食べない。お水かお茶か果汁100%のジュースだけ。そうするとおなかが目に見えてぺったんこになるから、それを確認してから次の食べ物を食べる」

コツコツ毎日の
積み重ねが大事!

モデルの間でも
「欠点のない美肌」で有名♥

のあにゃんの〝毎日調子がいい肌〟になるスキンケア術

NO加工でも肌に
自信を持ちたいのっ

陶器のように毛穴の目立たないツルンとした美肌でおなじみの、のあにゃん。そのヒミツは、毎日のスキンケアにあるってウワサを入手。みんな〝ももぷり〟でのあにゃん肌を目指しちゃお♥

＼ムギュ♥／

のあにゃん美肌＝
透明感&うるおい肌!

頬の高い位置に
つや玉があるよ♥
触った感触は、
ゆでたまご♥
水分をたっぷりと
含んでいる肌

2ステップのスキンケアで忙しい日でも、しっかりうるおいキープ中♪

BCL

Step 1

もこもこの濃密泡がお肌のよごれをスッキリとオフ。洗い上がりはしっとり、すべすべ♥

Use it!

ももぷり 潤いクレンジング洗顔

150g¥700／BCL

お肌の汚れもメイクもこれ1本ですっきり落とす♥

❶

チューブから適量を手のひらにとって、しっかりと泡立てる。メイク落としのときは約2cm、洗顔だけのときは約1cmを目安にしてね。

❷

よく泡立てた洗顔料を顔の上にのせて、指でくるくる円を描くようにやさしくすべらせる。こうすることで毛穴の汚れまで落ちやすくなる♥

❸

顔にのった泡を水、もしくはぬるま湯で洗い流す。とくに髪の毛の生え際や、目のまわりに洗顔料が残らないように注意して、落とすよ。

ここからもCHECK!
ほんのりピーチの香りなのもお気に入り!

ももぷりでつくった愛され肌で だれよりも可愛い自分を演出♥

Step 2

オールインワンとしても、化粧水と合わせても使える、美容液 inジェルクリーム。

80g¥1200／BCL

ももぷり潤いジェルクリーム

塗る乳酸菌と
桃セラミド 配合
たっぷり潤う ぷりっと弾力
ぷりぷり素肌
momo puri

Use it!

オールインワンの保湿クリームで即うるおいチャージ♥

❶

ジェルクリームを顔に塗る前は、手をキレイな状態にしておくこと。前髪もターバンでアップにして、顔全体にまんべんなく塗れる状態に。

❷

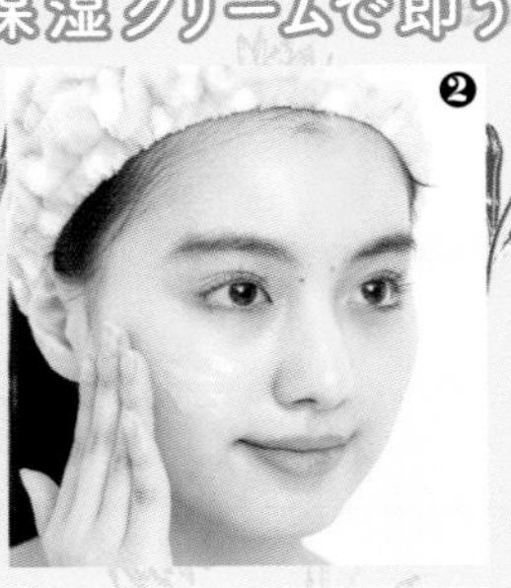

パール 1粒大のジェルクリームを指にとったら、顔全体にやさしく塗っていく。乾燥しやすい部分には、重ね塗りをして、しっかり保湿!

❸

手の平で顔をプレスするようにして、ジェルクリームを肌の角層まで浸透させていくよ。こうすることで、たっぷりとうるおって、弾力もキープ♥

NOA's STRAIGHT HAIR

天使の輪ができちゃうくらい！ みんなが羨むサラサラヘアの作り方HOW-TO

ツヤがあって、やわらかくって、サラサラで…♥　まるで女のコの可愛さを主張するようなロングヘアは、鶴嶋乃愛のトレードマーク。その作り方を特別にレッツ、ナビゲート。

のあにゃんストレートをつくる天使の輪ルール

うるツヤストレートは一日にしてならず！　日常的に気をつけてる毎日ルールを発表★

ドライヤーは必ず上から下に向かって

キューティクルは、上から下に向かって重なってるので、流れにそうように風を当てるとツヤが出るよ♥

寝るときは枕の上に髪を上げる

枕との摩擦が枝毛や寝グセの原因になるらしい。この寝方にしたら翌朝のスタイリングがスムーズに♪

サロントリートメントは月2回

撮影で髪を巻くとどうしても傷むから、プロのトリートメントで栄養補給。髪が生まれ変わる♥

週2で念入りにトリートメント

3〜4日に1回はロレッタのとくべつな日のトリートメント（￥2592）をお風呂で使って乾燥ケア！

アイロンの温度は140〜160度

高温は髪へのダメージが大きい。140度が基本で、顔まわりなどしっかり整えたい部分だけは160度。

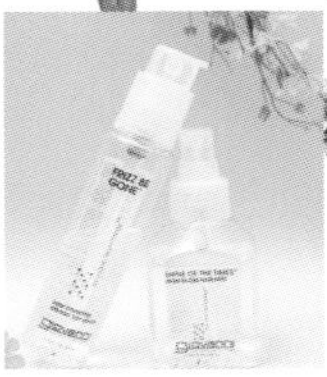

美容液とミストのW使いで乾燥防止

お風呂後はジョヴァンニのフリッズビーゴーン　ヘアセラム（￥2592）をON。乾燥してる日はヘアミスト（￥2592）をプラス。

シャンプー&ブローを実況中継！

「シャンプー&ブローがいちばん大事」と語るのあにゃんが毎日やってる内容を実況！

1

ブラッシングでからまりをなくす

髪をぬらすまえにからまりをほぐすと泡立ちやすいし、頭皮の汚れを浮かす効果も。

2

シャンプーのまえにコンディショナー

よくぬらしたらコンディショナーを軽くなじませ、指通りをなめらかにして余計な摩擦を防止。

3

頭皮をもむように洗う

一度すすぎ、シャンプー。頭皮は指先に力を入れて、毛先は軽くにぎるように洗うよ。

4

シャンプーはしっかりすすぐ

すすぎ残しは頭皮のべたつきの原因に！　シャンプーはめっちゃよくすすぐのが大事。

5

毛先メインにコンディショナー

中間〜毛先にたっぷり、根元は軽めに。根元につけすぎるとペタンコになるから注意★

6

タオルドライはにぎるように♥

頭皮をワシャワシャふいたら、毛先はタオルで包んでにぎるように水分をOFFするよ♪

7

洗い流さないトリートメントを

ジョヴァンニのヘアセラムをワンプッシュ手にのばし、毛ぐしを通すようになじませる。

8

ブローは必ず前髪から！

前髪は真上から風を当て、まっすぐ下に向かってブロー。根元が浮かないように整えてる。

9

えり足は左右に分けてブロー

えり足を左右に分け、後ろから風を当てる。指で下方向に引っぱるとうねりが取れるよ★

内側から風を当てるとうねっちゃう！

毛先が広がってうねりの原因に。風は必ず表面から当て、手ぐしで引っぱるのがお約束。

春夏秋冬、どんな季節のときも
髪がサラサラなのは
乃愛の自慢♥

ドライ後&朝のブラッシング♥

1

髪の生え向きを整えるマッサージ。後頭部の頭皮にブラシの先端をあてジグザグに動かす。

2

こめかみからハチにかけてもジグザグにマッサージ。毛根をほぐすイメージで動かすよ。

3

頭皮マッサージの最後はトップ。左右それぞれ分け目を深く取ってブラシ全体でほぐす。

4

頭皮をもみほぐしたところで上から毛先までブラッシング。毛根の生え向きを整えるよ。

サラサラストレートヘアのつくり方！

1

髪の傷み&うねり防止のために、ストレートアイロン用のミストを髪全体になじませる。

2

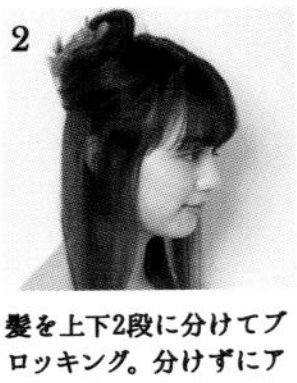

髪を上下2段に分けてブロッキング。分けずにアイロンするとムラになりやすいので注意。

3

毛束を少量ずつ取ってコームで下に引っぱりながらアイロンをかける。温度は140℃が◎。

4

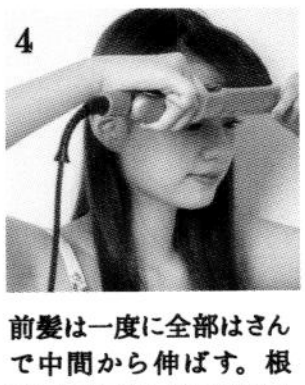

前髪は一度に全部はさんで中間から伸ばす。根元にクセがあるコは根元から。温度は160℃。

首まわり：29.2cm

まぁ良いのでは

首の長さ:8.4cm

長いと言われる

バスト：77.5cm

笑笑…

手首：14cm

ベスト？

ウエスト：60.5cm

ふつう、食べるとすぐ出る

ヒップ：87cm

ふつうかなー^^

太もも：46cm

こんな感じ

腕の長さ：69cm

長め？

ひざ下：41.3cm

こんな感じで

足首：20cm

ふつうかな。

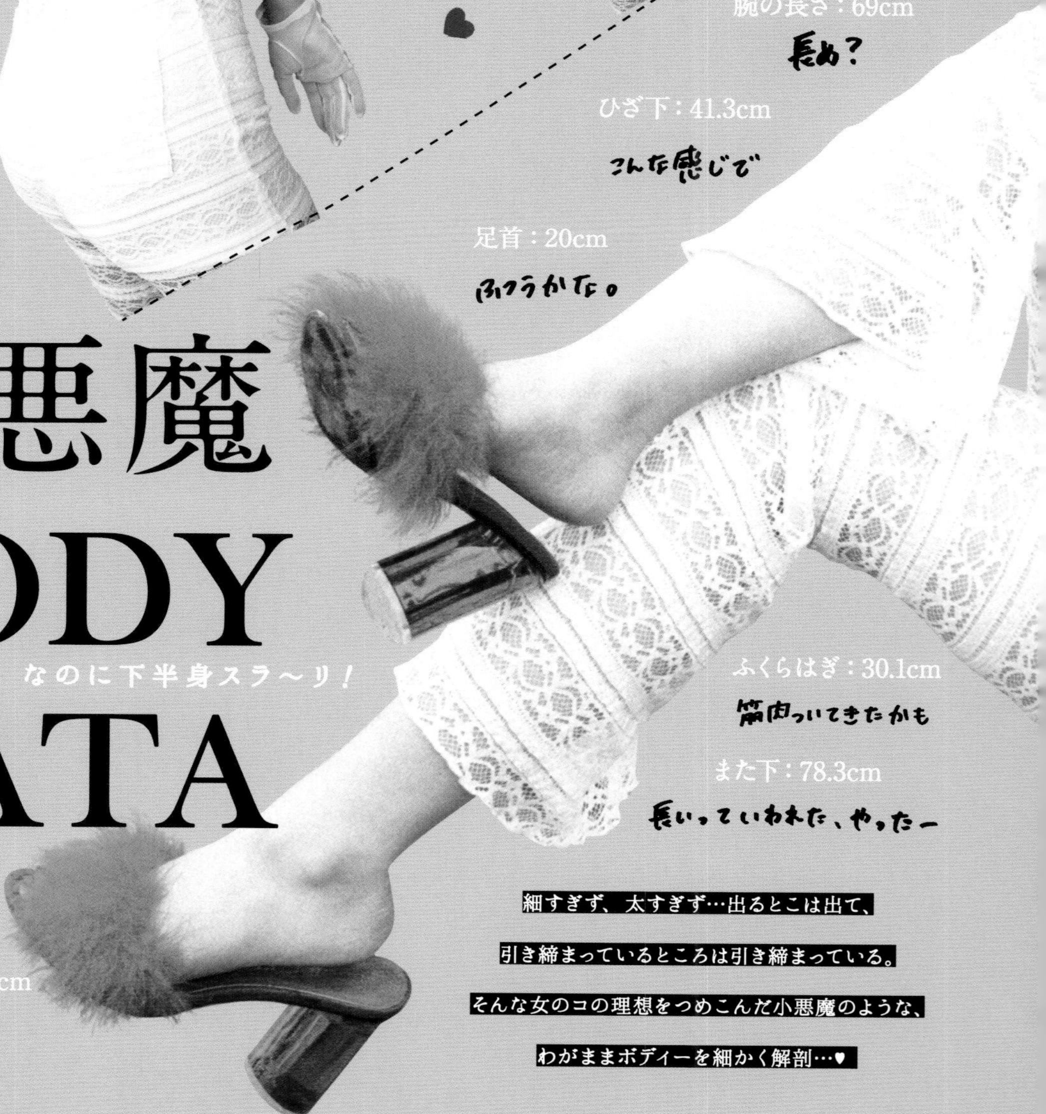

小悪魔 BODY DATA

ほどよくムチッ♡　なのに下半身スラ〜リ！

ふくらはぎ：30.1cm

筋肉ついてきたかも

また下：78.3cm

長いっていわれた、やったー

靴のサイズ：23.5cm

ベストかな

細すぎず、太すぎず…出るとこは出て、

引き締まっているところは引き締まっている。

そんな女のコの理想をつめこんだ小悪魔のような、

わがままボディーを細かく解剖…♥

Hello I am Noa Tsurushima

自分の体型に点数をつけるとしたら？

70点
もう少しひきしめたい

理想のスタイルは？

ひきしまりつつ、
女の子らしい

気になるパーツは？

丸めの顔だから
顔のお肉

自慢のパーツは？

足 まっすぐ

身長：163cm
もうすこしほしい

体重：45.9kg
バスト

体脂肪率：23%
(笑)

色っぽさがふんわりと漂うような
ムッチリ感が絶対的に可愛い…♥

肩幅：43cm
ふつう

二の腕：22.3cm
ふつう

お肌によさそう♥
と思ったものは、とりあえず試してみる。
そうやって研究し続けて見つけた、
乃愛流の最強スキンケアに選ばれた
〝リピ買い〟アイテムのあれこれを、発表。

挑戦あるのみ！　どんどん試して自分の肌に合うのを見つける♥

乃愛の〝リピ買い希望〟スキンケアアイテムレビュー

体&髪

お風呂の中では湯船がマスト&

お肌と髪の保湿もぬかりなし

4

5

6

7

朝

たっぷりの水分で保湿するのが

朝のお気に入りルーティン♥

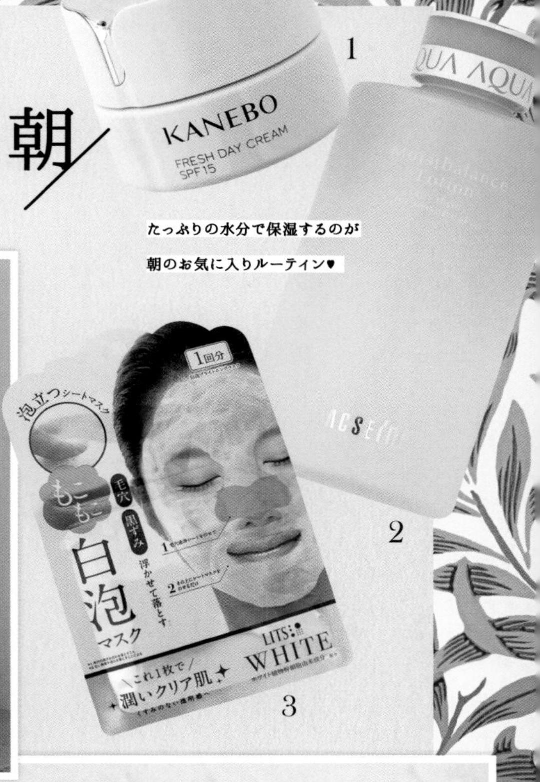

1

2

3

夜

リッチなオイルでお肌を包む…♥

夜のケアは丁寧かつ、優しく

8

9

10

11

特別な日は、プラスαな

スペシャルパックの出番♥

12

13

1.メイク前に塗るとメイクのもちがグッとUPする、カネボウのフレッシュデイクリーム。田中みな実さんもオススメしてた♥ 2.朝はたっぷりと化粧水を使いたいから、コスパのいいアクセーヌのモイストバランスローションがベスト。 3.撮影の日の朝はリッツの白泡パックで肌のトーンを明るくするよ♥ 4.ラーレのオーガニックミストはオイルinミストで重くないから好き。 5.シャネルのボディクリームはねおちゃんからのプレゼントで香りが最高♥ 6.基本湯船につかる派だから入浴剤は大事。湯の素は疲れた日に使うと全身のコリがほぐれる。 7.キュアのバスソルトはオレンジの香りで、デトックス効果が大！ 8.ユイラの美容液は浸透力がすごくて肌がモチモチに♥ 9.同じくユイラのクリームは濃厚で保湿力も高め。 10.大好きすぎて何本もリピ買いしてる、キールズのミッドナイトボタニカルコンセントレートのおかげで肌の状態がずっと良好。 11.オルフェスのパックは毎日用♥ 12.ファミュ×トーンの限定パックは特別な日のために。 13.女のコ気分のアガるファミュのドリーミンググロウマスクは、肌にピッタリと密着して、つけたあとはビックリするぐらいに肌がツヤツヤ&ふっくら♥

毎秒可愛い秘密♥

メイクで色々な乃愛

可愛いには理由がある。「毎日メイク」はないけれど、ロマンティックな顔になれるポイントを簡単にご紹介♡
昔からあか抜けてたわけじゃないから、メイクだってたくさん勉強した。

A

B

C

D

ツヤ肌にマットなリップ。
#乃愛のおめかしにはこの2つが大事♡

Base

AとBを1:1の割合で混ぜたものを下地として塗り、Cのクッションファンデを肌にたたき込むようにして重ねるよ。

Highlight & Cheek

DのハイライトをTゾーン、Cゾーン、上唇のくぼみ、あご先、Eのチークを鼻よりのほお部分にON。ハイライトの上からさらにベビーオイルをちょん♥とつけてぬれ感をプラスするよ。

Eye brow

太めで薄かった眉から、太すぎない平行眉に。黒のままだとモードな印象だから、Fの眉マスカラで明るくするよ。

Eye shadow

Gの下段左から2番目を縦は眉下、横は目の幅からはみだすくらい広めにのせて、その上からHを指で黒目の中心にのせて左右に広げるようにON。下シャドーもGの最初の色をのせるよ。まつ毛は上げすぎず、Iのマスカラを。

Lip

Jのリップティントを中心にのせたら、〝ん、ぱ!〟で広げて。リンカクがぼやけてるくらいがいいよ。

E

F

G

H

I

J

A キャンディドール ブライトピュアベース ラベンダー¥1490、B 同 パールホワイト¥1490、C VTベリーコラーゲンパクト約¥3680、
D 同 エッセンスサンパクト約¥3380、E フーミー マルチグロウスティック ピンクオレンジ¥1944、F シュウ ウエムラ アイブローマニキュア テラブラウン¥3240、
G パピメロ バレンタインボックス2 ピーチパレット¥2700、H ジルスチュアート ミックスアイシャドウ02¥2376、I マジョリカマジョルカ ラッシュエキスパンダー リキッドエクステ¥1296、
J エチュードハウス マットシックリップカラーOR202¥1300

1ミリでも
もっと可愛く…

韓国コスメって見た目も可愛くて、発色もいいから実用的。
この2つを兼ね備えているから、買わない理由はないでしょ？
女のコだもん。可愛くなる研究は一生していたい♡

1

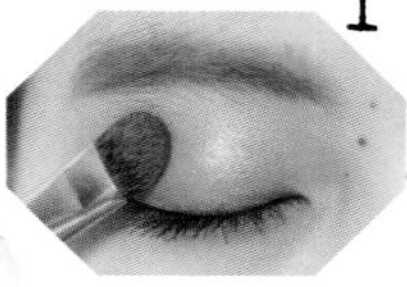

Aのラメオレンジブラウンのシャドーを手持ちのブラシに取り、アイホール全体に広めに塗る。

2

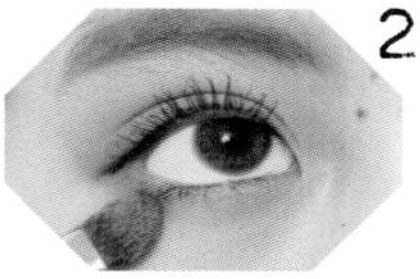

下まぶたの涙袋幅全体にもAをON。明るい色だから上下囲みアイにしても濃くなりすぎないよ！

3

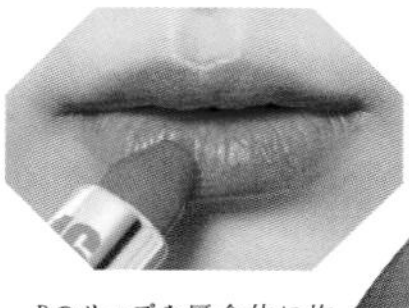

Bのリップを唇全体に均一にじか塗り。この1本だけで、やわらかい印象のマットリップが完成！

4

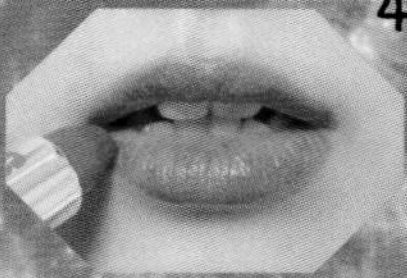

ソフトマットなリップだから、口角まできっちりなぞって塗ってね。これが色ムラ防止のポイント。

5

最後に唇のリンカクだけを指でやさしくポンポンとなぞるよ。これでぼわっとした印象がUP★

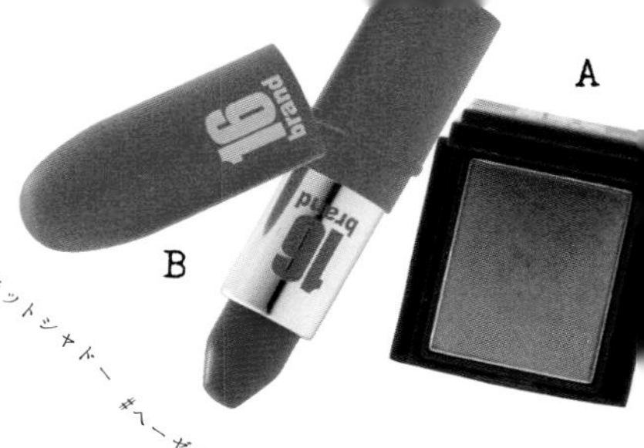

A 16brand 16ブリックキットシャドー #ヘーゼルナッツ￥972、B 16brand フルーチュー レッドベリー ￥1296

フルーツキャンディーのような
フレッシュで甘いジューシーな
韓国アイドル顔が本当に大好きだった♡

可愛いは無限

みずみずしい肌にマットなカラーをのせるのが乃愛流。ピンクでも、くすみ&マットならビンテージな雰囲気になるから一気に万人ウケする。

3CEのマットリップ

クリーミーな塗り心地♥　3CE VLリップカラー＃223¥2494

イニスフリーの
クッションファンデ

薄づきだけど肌キレイ。マイトゥーゴークッション2.2 N21¥3132

ペリペラの
アイブローペンシル

明るめの色だよ。スピーディー　スキニー　ブロウ＃5ライトブラウン¥740

エチュードの
アイライナー

オールデイ　フィックス　ペンライナー(ブラウン)¥1800

イニスフリーの
マットシャドー

マイアイシャドウ　マット14(右)、30(左)各¥648

ベースは薄くもちもち肌に。

たまには強めラインで大人にアピール

エチュードの
マスカラ

ダマにならないよ！デュアルワイドマスカラ　ブラック¥1800

ヘア小物に頼ればヘアアレンジも簡単♡

ストレートに変化がほしいときに使えるのがカチューシャ。ただつけるだけで印象が変わるよ！

大好きなマンガシュガルン』に登場する女のコもスカーフアレンジをしていて可愛いの♡

イニスフリーの
パープル系下地

クマもカバー！　スマートドローイング　カラーコレクティング　03　¥1069

イニスフリーの
フェイスパウダー

少量でテカリをOFF！ノーセバム　ミネラルパウダー¥810

ペリペラの眉マスカラ

眉色トーンUP！　スピーディーブロウ　カラ＃1ライトブラウン¥1080

毎日新しい私

黒マスカラを上まつ毛全体に塗ってから、黒目の上だけ重ね塗りしてバッチリ丸目に♥

目頭から目尻に向かって太くなるようにラインを描く。目尻ははみ出してハネ上げ！

ファッションに合わせてメイクも変えて
どんどん自分の〝可愛い〟可能性を広げる

POPの撮影では、いろんな自分を発見できて新しい♡
女のコってアイメイク次第で印象が変わるから、
とことん楽しまなくっちゃ！

1
下まつ毛の根元から毛先に向かってマスカラをON。目の縦幅が広がって目ヂカラUP。

2
ジェルライナーで上まぶたの粘膜を埋めることが重要★　黒目が強調されてデカ目に！

3
つけまをピンセットではさみ、目のキワにON。地まつ毛に密着させるとなじんで自然。

ディーアップ　ボリューム　エクステンション　マスカラ¥1800

ディーアップ　スーパーフィットジェルライナー BK¥1404

目頭から目尻まで細くラインを引く。目尻は目のカーブに合わせてタレさせるよ！

可愛く生きる31の事。

1 月の光に照らされる女性になる
2 『ありがとう』はたくさん伝える
3 行き詰まったら小説を読んでみる
4 弱い自分も愛してあげる
5 自分が好きな私でいる
6 たくさん鏡を見る
7 ピンクのものを一つでも持ち歩く
8 暗い夜は一人、思いに浸る
9 いやらしくない色気を持ち合わせる
10 一日の終わりはお気に入りの入浴剤
11 言葉づかいは美しく
12 花と一緒に生活する
13 届くようで届かない存在でいる
14 相手の想像力をかき立てる人になる
15 毎秒可愛い
16 安定を好まない危うさ
17 甘いものは日々生きている自分への報酬
18 空を見上げる
19 自分の汚れは許さない
20 こだわりを持つ
21 自由でいい
22 人と目で会話する
23 ファッションとメイクは趣味
24 月に一度誰かに手紙を送る
25 誰かの事を愛おしく思う
26 お気に入りの音楽を見つける
27 孤独も愛する
28 願い事は言霊のように吐くのではなく、祈る
29 素敵な思い出は写真に収める
30 自分を大切にしてくれる人を大切に
31 自分へのご褒美を忘れない

Back to my roots

鶴嶋乃愛写真館

Noa Tsurushima
growth record photo

ここは、鶴嶋乃愛写真館。彼女の歴史をひもとく、いつかの写真たちに心が…ときめく。

0歳

My father & me

二〇〇一年五月二四日、鶴嶋乃愛、誕生。
パパのひざの上が私の定位置で、
そこにいるだけでご機嫌だった。

1歳

Relax……

1歳

ママいわく、あまり泣かないコだったから、
苦労しなかった…らしい。
そして、歩行器を自由自在に乗りこなす、
そんな元気なベイビーだった。

1歳

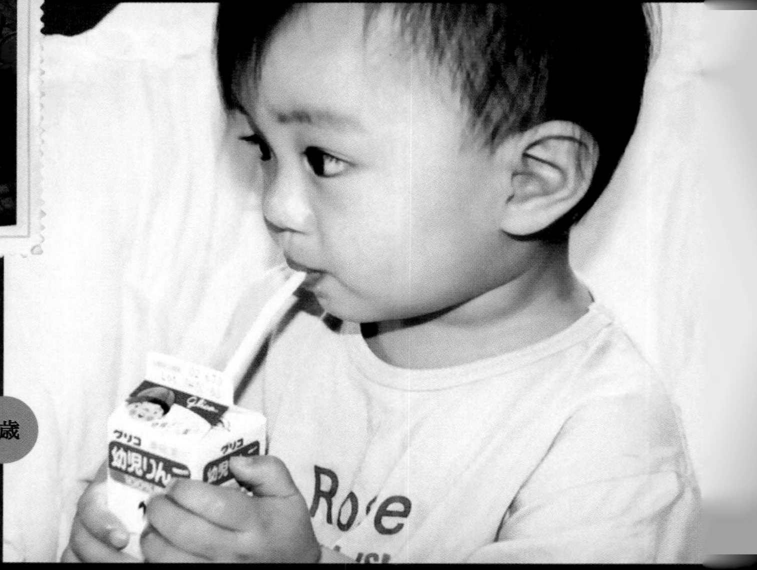

Yum! Yum! Yum!

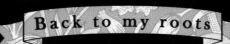

1歳

1歳

パパは乃愛の甘やかし役。
ママがコーラを禁止にしていたのに、
こっそり飲ませてくれていた。
シュワシュワなコーラは、
秘密の味がした。

Piece

2歳

2歳

Long long time ago......

2歳

Chuuuuuu

3歳

テレビの影響から、標準語を覚えて、
話していたことも…。けれどそれも一瞬。
すぐに土佐弁に戻っていた。

6歳

You have grown into
a beautiful young lady......

8歳

7歳

Smile Smile Smile

10歳

小学生になると、プラネタリウムと
おしゃれが大好きな女のコになっていた。
性格は自他ともに認めるマイペース。

Say cheese

キラキラと輝くアイドルに憧れた、あのころ。
ファッションもガーリーな系統が多く、
写真に撮られることが好きになった。
すべてが懐かしくて、愛おしい日々。

I feel better when I do my nails

Life continues......

乃愛が答える100の質問 from fuwamily

お仕事のこと、プライベートのこと、恋愛のこと。Twitterやinstagramなどに多数集まったfuwamilyたちからの質問に乃愛がお答え♥

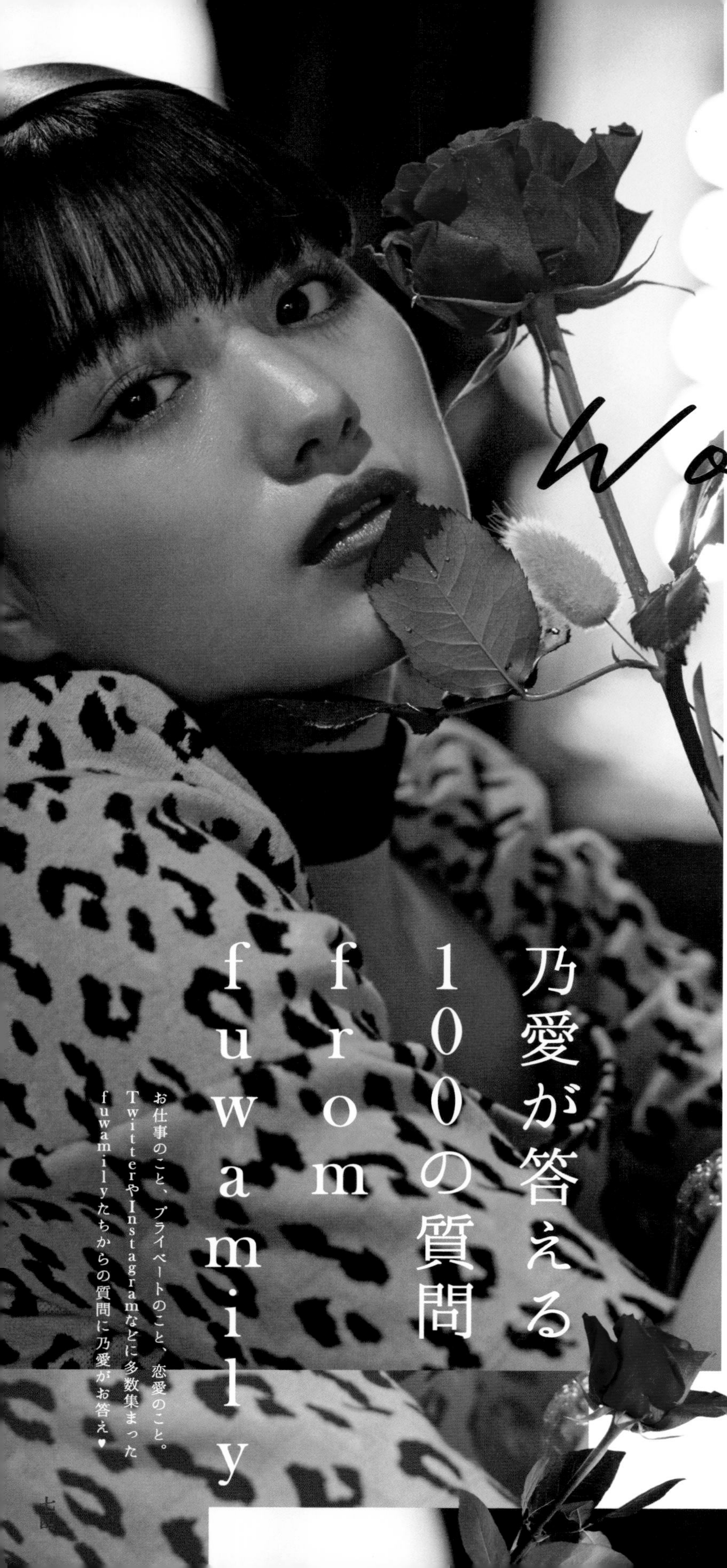

Q1.『仮面ライダーゼロワン』で演じているイズとアズ、似ているのはどっち？
「両方！　イズちゃんの抜けているところもアズちゃんのあざとくて甘え上手なところも♥」

Q2.両極端なタイプのイズとアズを演じるうえで心がけていることは？
「それぞれのキャラと感情を考えること」

Q3.イズとアズ、2つの役を演じるときに苦労したことは？
「苦労はしてません♥」

Q4.演じていて楽しいのは、イズとアズ、どっち？
「どっちも楽しいけど、スタッフさんからはアズちゃんを演じているときのほうがイキイキしてる…って言われる(笑)」

Work お仕事

Q5.主役の或人社長のギャグでお気に入りは？
「〝病院からびょびょびょびょいーんと帰ろう〟ってギャグ！　或人役の文哉くん的にもこのギャグは最高傑作らしい(笑)」

Q6.歴代のライダーシリーズで好きなキャラクターは？
「『仮面ライダージオウ』に出てくる、ツクヨミちゃん。変身するときの音が可愛いの♥」

Q7.『仮面ライダーゼロワン』に出演して、変わったことは？
「お芝居のお仕事がはじめてだったので、新しい世界を知ることができた」

Q8.『仮面ライダーゼロワン』の撮影はどんなところが楽しい？
「1年を通して同じ役をやるってなかなかないし、役と一緒に成長していけるところ」

Q9.『仮面ライダーゼロワン』の中で好きなキャラクター(イズとアズ以外)は？
「迅(ジン)。ミステリアスでカッコいい！」

Q10.ずばり、友だちになりたいのはイズ？　アズ？
「絶対イズちゃん(笑)。アズちゃんはすごい生意気だから！」

Q11.演技のお仕事とモデルのお仕事を両立するうえで大変なことは？
「スケジュールの調整…かな。どちらもやりたいけど、1日は24時間しかないから」

Q12.お仕事がないときはどんなふうに過ごしているの?
「趣味の時間を増やす♥　小説を読んだり、紅茶を飲んだり、ゆっくり丁寧に過ごす」

Q13.今後、演じてみたい役柄は？
「狂気的な役とか、制服が似合ううちに女子高生の役も♥」

Q14.これからやってみたいお仕事は？
「ミュージックビデオに出たい！」

Q15.憧れの女優さんやモデルさんはいる?
「どちらかというとアイドルに憧れるかも。可愛い衣装を着て、ステージ上で輝いているところが素敵♥」

Q16.芸能界に入ったきっかけは？
「友だちと一緒にピチレモンのオーディションを受けたこと」

Q17.演技の楽しさとは？
「自分に新しい世界ができて、その中に入りこめるところ」

Q18.演技の難しさとは？
「役にもよると思うけど…感情を出すバランス、とか」

Q19.モデルというお仕事を通して得たものは？
「自己表現力！」

Q20.カメレオン女優、実力派女優など、いろいろあるけど、どんな女優と呼ばれるようになりたい？
「演技力のある女優さんになりたいです。見ている人が思わず感情移入をしてしまうような」

Q21.セリフを覚えるのは得意？
「けっこう得意♥」

Q22.女優として尊敬している人は？
「女優のみなさん全員。それぞれによさがあると思うから」

Q23.演技が上達するためにやっていることは？
「日々生きている中で、いろいろなことを敏感に感じること」

Q24.マネージャーさんとは仲よし？
「仲よしです！」

Q25.泣く演技のときはどんなことに気をつけているの?
「演技をするギリギリまで、いつもの鶴嶋乃愛でいる。長い時間感情移入しすぎると、逆に泣けない」

Q26.実写化されたら演じてみたい役は？
「いろいろあるけど、大好きな〝シュガシュガルーン〟が実写化されるならどの役でもいいから出演したい♥」

Q27.女優は声が命。声を大事にする方法は？
「常にのどをうるおわせておく。自分は歌手だと思って、どんなときも保湿する！」

Q28.生まれ変わってもPopteenのモデルになりたい？
「えー、一度経験してるからなぁ。生まれ変わっていまの記憶がないなら、なりたい！」

Q29.仕事の目標を教えて！
「モデルさんも女優さんも同じくらいお仕事をして、両立させる」

Private 日常

Q30.のあにゃんならではの洋服の決め方は？
「その日着たいアイテムを決めて、それに合わせてコーデを決める」

Q31.体型維持の方法は？
「苦しくなるまで食べないこと！　常に腹八分目を意識♥」

Q32.のあにゃんにとって、可愛い女のコとは？
「自分の可愛いところがどういうところなのかを理解している女のコ」

Q33.20歳までにしたいことは？
「可能なら、ヨーロッパ旅行♥」

Q34.好きなスイーツはなに？
「チョコレート系」

Q35.人に接するときに大事にしていることは？
「言葉づかい」

Q36.永遠は信じられる？
「信じたいです♥」

Q37.好きなことわざは？
「ことわざ!?　あまり知らないから、調べておきます♥」

Q38.お気に入りの花言葉は？
「赤いバラのつぼみの花言葉で、純粋な愛に染まる♥」

Q39.自分らしく生きるためにはどうしたらいい？
「自分のことを一番に信じてあげる！」

Q40.帰省したら行きたいところは？
「パパとママと一緒にお気に入りの焼肉屋さんに行きたい。すごくおいしくて、3人とも大好き！」

Q41.いま、オススメしたいコスメは？
「NARSのクッションファンデ。色の種類が豊富でいい♥」

Q42.最近、読み終えた小説は？
「千早茜さんの〝透明な夜の香り〟」

Q43.元気の源は？
「好きな人に会うこと♥」

Q44.気分をアゲたいときは、どんな行動をする?
「甘いものを食べながら、好きな音楽を聴く」

Q45.どうしても眠いときは、どうやって目を覚ます?
「これはもう…気合いしかない(笑)」

Q46.地元の好きなところは？
「発展しすぎてなくて、ノスタルジックな景色が残っているところ」

Q47.オススメしたい小説は？
「千早茜さんの〝正しい女たち〟。この作家さんの作品がオススメ♥」

Q48.もしも髪を好きな色に染めていいと言われたら？
「髪が傷むとか気にしなくていいのなら、真っ白な金髪！」

Q49.座右の銘は？
「毎秒、可愛い♥」

Q50.これだけはゆずれないこだわりは？
「ありすぎて答えられない！」

Q51.生きていくうえで大切にしていることは？
「自分を愛してあげる♥」

Q52.乃愛という名前の由来は？
「みんなから愛されようにという願いを込めて、パパがつけてくれた」

Q53.自分が買ったもののなかで1番のお気に入りは？
「持っているもの全部がお気に入り♥」

Q54.いま、行ってみたい場所はどこ？
「パリ。日本なら、温泉」

Q55.朝、スッキリするためにしていることは？
「白湯を飲む」

Q56.子どものころの夢は？
「お医者さん！」

Q57.毎日どんなことを意識して過ごしてる？
「心に余裕♥」

Q58.自分磨きをするときに必要なことは？
「まわりと比べないで、自分に集中すること」

Q59.好きなアーティストは？
「クリープハイプさん、大森靖子さん、女のコのアイドル、あとは…松田聖子さん！」

Q60.いま、すごく会いたい人はいる？
「作家の千早茜さん」

Q61.ロングヘアが好きな理由は？
「ロングヘアの自分が一番好きだから♥」

Q62.最近、ハマっていることは？
「ソフトクリーム。アイスじゃなくて、ソフトクリームね♥」

Q63.元気がなくなったら、どうする？
「無理やり元気になろうとはせず、元気のない自分を受け入れる」

Q64.毎日必ずすることは？
「お花の水をかえる♥」

Q65.fuwamilyちゃんは何歳まで続けていい？
「死ぬまで♥」

Q66.一番がんばっていることは？
「生きること!!」

Q67.ストレス解消法は？
「そのときやりたいことを、思いっきりやる」

Q68.ひとつだけ特殊能力を得られるとしたら？
「瞬間移動！」

Q69.アイスクリームで好きな味は？
「キャラメル系かな」

Q70.毛穴レスな肌を維持するためにやっているケアは？
「洗顔フォームはしっかりと泡立てて、きめ細かい泡で肌を洗う」

Q71.小さいころに得意だったことは？
「工作と一人遊び」

Q72.まだ行ったことのない国で、行ってみたい国は？
「フランス！」

Q73.明日、地球が滅びるとしたら、最後の晩餐は？
「お肉とチョコレートをたらふく食べる♥」

Q74.アジフライにはなにをかける？
「なに、この質問(笑)。アジフライは食べないから分からない！」

Q75.いちばん感謝している人は？　その人にひとこと♥
「いつもそばにいてくれる、大事な人たち。これからもずっと一緒にいようね♥」

Q76.誕生日にもらってうれしいプレゼントは?
「お花」

Q77.タイムマシーンがあったら、過去、未来、どこへ行く?
「大正時代に行って、レトロな着物を着たい」

Q78.小説を発売するとしたら、タイトルは?
「秘密(笑)。ジャンルは、複雑な気持ちを繊細に描いた恋愛小説」

Q79.だれかに言われた言葉で、大切にしているものは?
「ほめられた言葉は全部、大切にしてる♥　その言葉のおかげで私は自分らしく生きていられる」

Q80.日本の都道府県で、遊びに行きたい場所は?
「北海道」

Q81.髪のケアに関することで、気をつけていることは?
「ヘアオイルはつけすぎない!」

Q82.友だちの誕生日プレゼントを選ぶ基準は?
「そのコに似合うもの、かつ、ほかの人がプレゼントに選ばなさそうなもの!」

Q83.やってみたいコスプレはある?
「〝干物妹!うまるちゃん〟のうまるちゃん♥」

Q84.毎日チョコだけ、毎日お肉だけ…どっちがいい?
「どっちかといったら、お肉。チョコだけ食べ続けるのはツラい!」

Q85.最近、楽しかったことはある?
「急にLINEスタンプのアイデアが浮かんできて、黙々と書き続けたこと」

Q86.10代をひとことで表現すると?
「目まぐるしい!」

Q87.もし、ひとりっ子じゃなかったら、兄、姉、弟、妹、どれが欲しい?
「いらない♥　ひとりっ子がいい!」

Q88.学生時代の得意科目は?
「現代文」

Q89.オトナになったと感じる瞬間は?
「最近、カフェラテが飲めるようになった♥」

Q90.20歳になったら、お酒を飲んでみたい?
「飲んでみたいけど、大勢でワイワイするのは苦手だから友だちと2人で飲みたい」

Q91.のあにゃんにとっての家庭の味とは?
「家庭の味より、外食が多かったかも」

Q92.ポエムはどんな気分のときに書くの?
「突然頭に浮かんだら、そのときに書く」

愛や恋 Love

Q93.理想のプロポーズのシチュエーションは?
「2人きりのとき、花束を持って…♥　フラッシュモブはイヤ!」

Q94.メイク、ファッション、髪型…彼の好みにどこまで合わせる?
「合わせない!　趣味を押しつけてくる人は無理」

Q95.大好きな人がベジタリアンだったら?
「本当は一緒にお肉を食べたいけど、どうしても無理なら、別々のおかずを用意して、食べるときは一緒に♥」

Q96.こんな恋愛をしてみたい!という漫画やアニメは?
「〝シュガシュガルーン〟のショコラみたいな恋愛がしたい♥」

Q97.結婚と恋愛の違いって?
「恋愛の延長線上に結婚があるから、違いという違いは難しいけど、相手を裏切ったときに法で裁けるかどうか…(笑)」

Q98.何歳ぐらいで結婚したい?
「25歳から27歳♥」

Q99.恋人にはどんなふうに甘えるの?
「ずーっと、くっついてる♥　人が変わったように甘える(笑)」

Q100.失恋したことはある?
「ちゃんとした失恋はないかも…」

たくさんの愛がつまった♥ ♯のあにゃんしか勝たないにゃん

fuwamilyからの、愛がいっぱいの写真やイラストをここに大公開。応募ありがとう♥

ゆい

さくfuwamily

葵チャンデス

♡ みーみ ♡

あいり

ひら

ごり

み さ

ぴーちfuwamily

ami

ゆっゆちゃん

まいまいfuwamily

鶴嶋なな♡ fuwamily

ユユ

かの

ななぽん

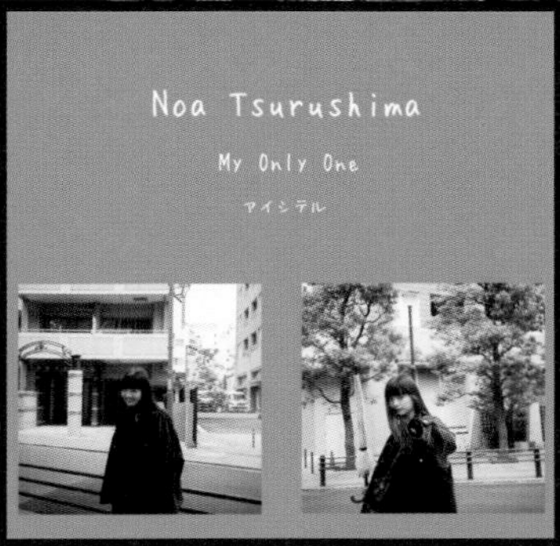

Rinne

あこ

み ら い

さあや

りお

じユ

ともよ

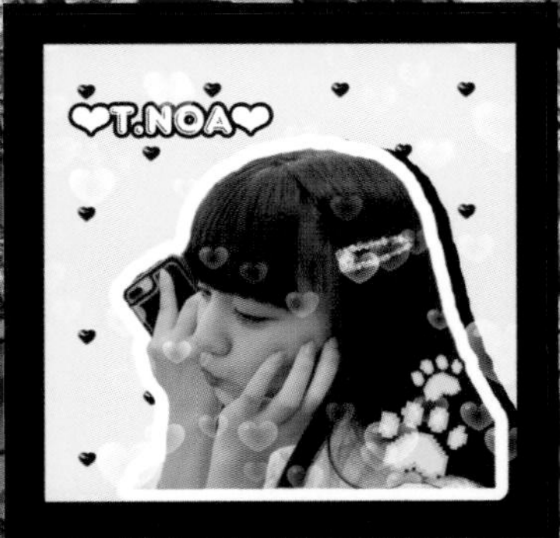

♡ちさ

香恋

まなぴしすた♡

この

なしさくら

ゆい奈

ちゅん。

みお

ひなこ fuwamily

なお

このみんと🍀fuwamily

ゆきぽん fuwamily

yui

Tsukasa.noa

なちゅみー

鶴嶋まな

るき

EMA

まお -fuwamily-

mana fuwamily

えりぴ

ゆま

な ぽ fuwamily

Saaya

ゆに

Thank You For fuwamily♥

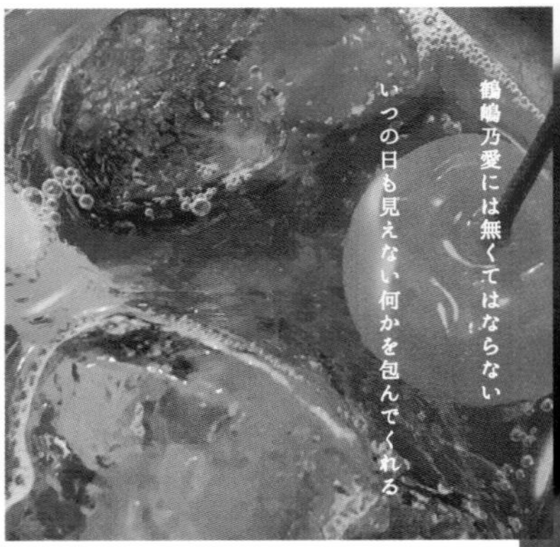

身体内にゆっくりと静かに流れ込んでいく
甘い生き物
一時的ではあるが、私の身体中を駆け巡り
脳内までも溶けるような甘い思いに浸る
嗜好品は人間に必要不可欠な訳ではないが
鶴嶋乃愛には無くてはならない
いつの日も見えない何かを包んでくれる

甘味

甘味と乃愛は切っても切れない関係。だって乃愛の体の半分は、甘味でできている…とかいないとか。

鶴嶋乃愛と写真と

大事な一瞬を切り取ったプライベートな写真を4つのテーマに分類。しかも、それぞれに乃愛のいまの気持ちを綴った新作の詩を添えて…♥

大切な人たちがフィルムで撮る

鶴嶋乃愛

乃愛が愛する人々が乃愛を撮ってたら…。ほら、いつもとはちょっと雰囲気の違う表情が、チラリ♥

詩と…

好きな人にシャッターを切られる瞬間
とても心地よい瞬間
緊張とはまた違う心臓の高鳴り
写真に収まる自分はいつも自然体を意識しているが、
好きな人が撮る私はいつも瞳が愛おしさに溢れている

レンズの向こうの景色と
被写体の眼に映る景色は
もしかしたら
比例しているのかもしれない

青い空、雲の多い空、夕焼けに照らされた空…。美しくて儚い、そして尊い空は乃愛の目にこう映る。

空

ふと見上げた空が好きだ
何気ない毎日を切り取っては
また眺める

いつからだろう、習慣的に
空を撮るようになったのは

その日会えた空にはもう
二度と出逢えないから
この瞬間だけでも
見つめていたい

私は、自身の仕事を"表現者"として捉えている
モデルにしろお芝居にしろ
大事にしているのはいつもどういう風にして
自分にしかできない表現をできるかどうか
唯一無二だと言うことを
自分ではない誰かに頷いてもらうか
芸能人は良く太陽だと言われるのを耳にする
元気をくれる存在で自然と笑顔になる
けれどいつも何かが引っかかる
私はそうなれているのか、
いや私はそうなりたいのか？
考えた末、思い浮かんだのは
静かだけど逃さずしっかりと包み込む
私は、月のような人になりたいと思った

仕事

フォトブックの撮影中…鶴嶋乃愛は常に全力だった。その証拠をほんの少しだけ、ここに開示する。

鶴嶋乃愛とポップティーンのエトセトラ…

ポップティーンとの
出会いは 14 歳のころ。
19 歳までの軌跡と成長を、
いま改めてたどる。

2016 年 1 月号

2016 年 4 月号

2016 年 2 月号

2016 年 5 月号

2016 年 6 月号

2016 手さぐり

自分の居場所やキャラ、ポジション…すべてが分からなくて、
毎回手さぐり状態。がんばりたい気持ちはあったけど、
不安が大きかった。

2016 年 7 月号

2016 年 8 月号

2016 年 9 月号

2016 年 12 月号

2017 自分の“好き”を知る

好きなものを理解できたら、今度はその好きなものを追求すればいいということに気づいた。それからかな、気持ちがラクになったのは。

2017年1月号

2017年2月号

2017年3月号

2017年5月号

2017年5月号

2017年6月号

2017年8月号

2017年7月号

2017年9月号

2017年10月号

2017年11月号

2018 お仕事に集中

やりたいことがはっきりしてきて、将来のビジョンも明確に。自分のブランディングもあったから、撮影で無理に笑うことに抵抗があった。

2018年1月号

2018年2月号

2018年3月号

2018年3月号

2018年4月号

2018年6月号

2018年7月号

2018年8月号

2018年11月号

2018年8月号

2018年12月号

Cover History

2018年 4月号

2018年 5月号

2018年 9月号

2018年 11月号

2019年 1月号

2019年 2月号

2019-2020
心に余裕…

ドラマのお仕事が決まって忙しくはなったけど、切羽つまったなかでも冷静な判断がとれるようになった。自然と笑顔でいることも多く♡

2019年2月号

2019年4月号

2019年5月号

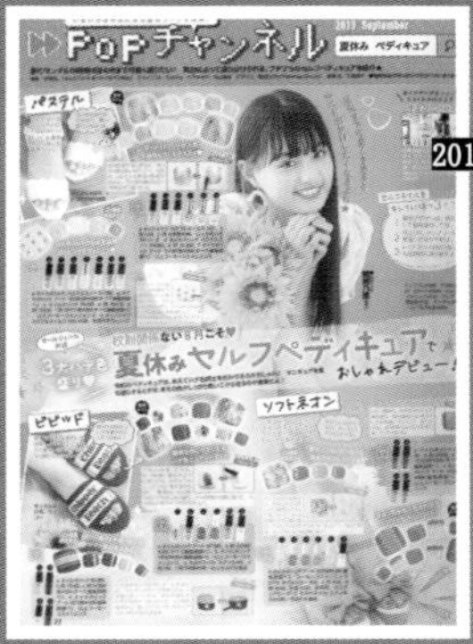

2019年9月号

2019年10月号

2019年8月号

2020年1月号

2020年2月号

2020年4月号

2020年6月号

2020年7月号

2020年8月号

2019年3月号　2019年4月号　2019年5月号　2019年7月号　2019年11月号　2020年9月号　2020年9月号 付録なし限定版

※デザイン変更の可能性があります。

Popteenで出会って仲良しに♡ from.ねおんつぇる

POPでは『のあんつぇる』コンビとして、絶大な人気を誇った2人。POP読者のリクエストにお答えして、ねおんつぇるからサプライズで届いたメッセージを公開♥

愛しの のあにゃん サマ へ ♡

フォトブック発売 本当におめでとうございます!!!

のあにゃんの夢が1つ1つ叶っていく事が自分の事のように嬉しい

最近バタバタでゆっくり2人で話せてないけど

お互い落ち着いたら また少しだけでも遠出しようねっ!

のあにゃんに出会えて こんなに素敵な女の子に出会えて

本当に自分は世界1の幸せ者です…♡

いつも本当にありがとう! のあにゃん!!

これからも一緒に頑張って 沢山 思い出 増やそうね!!

だいすきだよ〜♡

ねおより。

一匹狼同士が仲良くなれた奇跡！心友だって思ってるよ♥

お互いの好きなところ

のあにゃん→ねおんつぇる

1 気づかいのプロ！
2 私をホメてくれる
3 努力家！
4 私に甘い♥
5 マジメ！

ねおんつぇる→のあにゃん

1 とにかく可愛い！
2 遊びに誘ってくれる！
3 考え方が似てる
4 意見を言ってくれる
5 やさしい♥

君の笑顔が好き♡

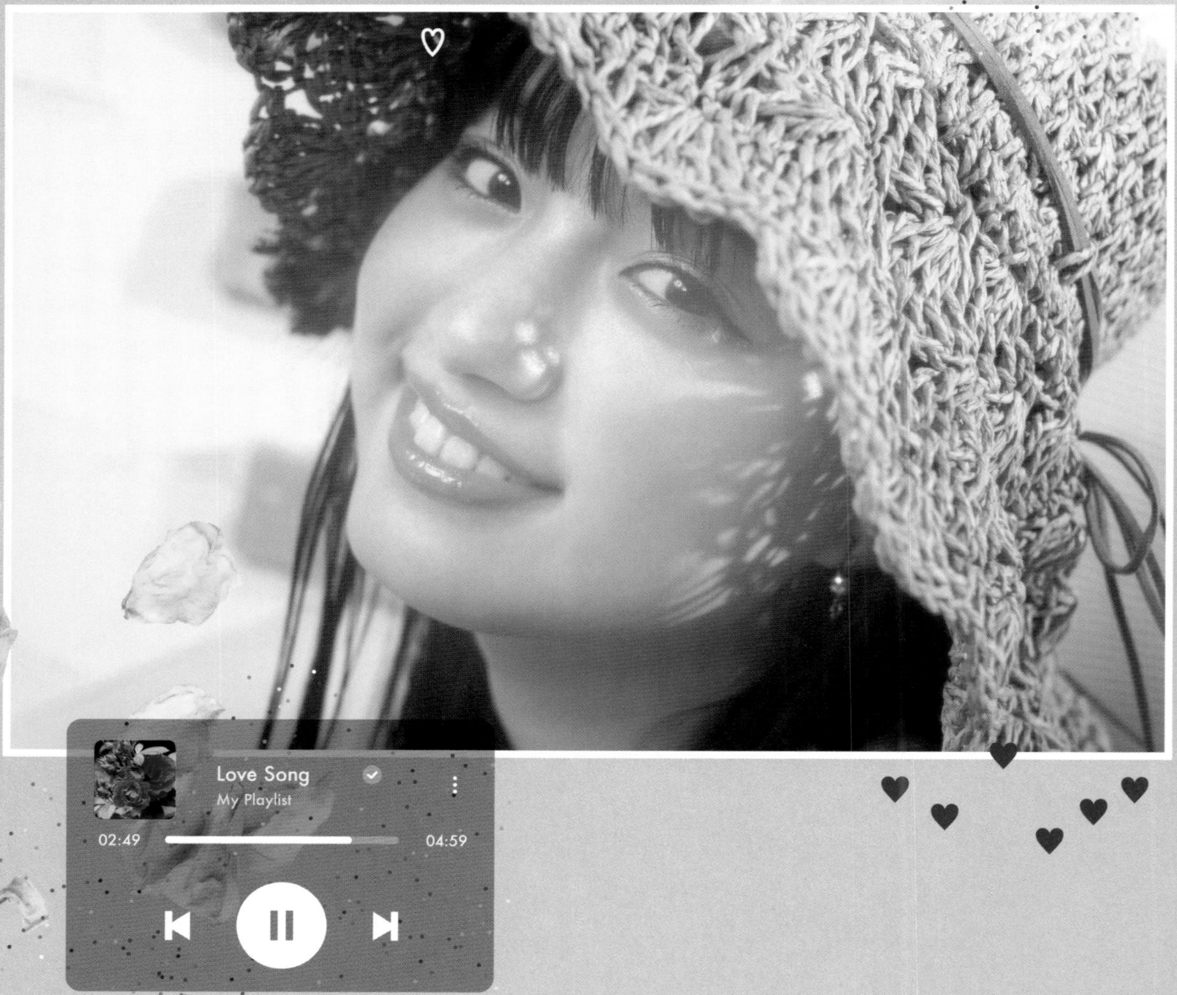

のあにゃんから鶴嶋乃愛まで

FASHION History

成長に合わせて好きなものも変化。 その時に一番好きなものをファッションに取り入れて保存する♡

2016

とにかく甘い色使いで〝赤ちゃん〟っぽさを大事にしていた頃。
綿菓子みたいに、ふんわり溶けちゃうくらい甘いのがよかった♡

ファンシーな妹系甘カジュアル

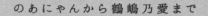

2017

甘さの中に黒でダークさをMIX。少しずつガーリーの幅を広げて、
自分のキャラを確立させるために色々と模索していたよ。

毒っぽダークガーリー

2018

韓国のアイドルに影響を受けて好きになった韓国ファッション。
ちょうど世間もそれに合わせてオルチャンブームが始まったってかんじ。

ロマンティックオルチャン

2019 - 2020

古着はもともと好きだったし、 ビンテージっぽさがいまはしっくりくる。
色やボトムの幅も広がって、 自分が本当に好きなものが確立。

ビンテージMIXカジュアル

黒乃愛

白乃愛

Noa Work

『Popteenののあにゃん』以外にもどんどん活躍の場を広げていく最中。
これから、どこでどんな鶴嶋乃愛に出会えるかお楽しみに♡

WEGO
［商品コラボ 2018SS、2019AW、2020SS］

仮面ライダーゼロワン

［ヒロイン・イズ役 2019 ～ 2020］

LUCE1day

［イメージモデル 2018 ～］

PUMA

［ブランドアンバサダー 2019 ～ 2020］

Will continue...

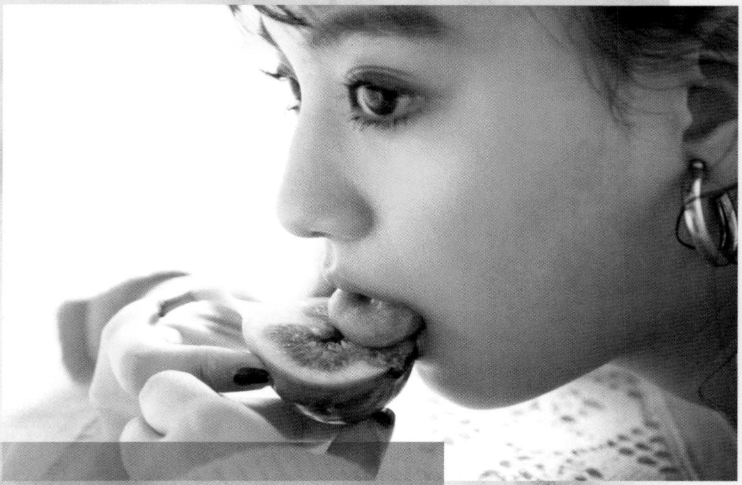

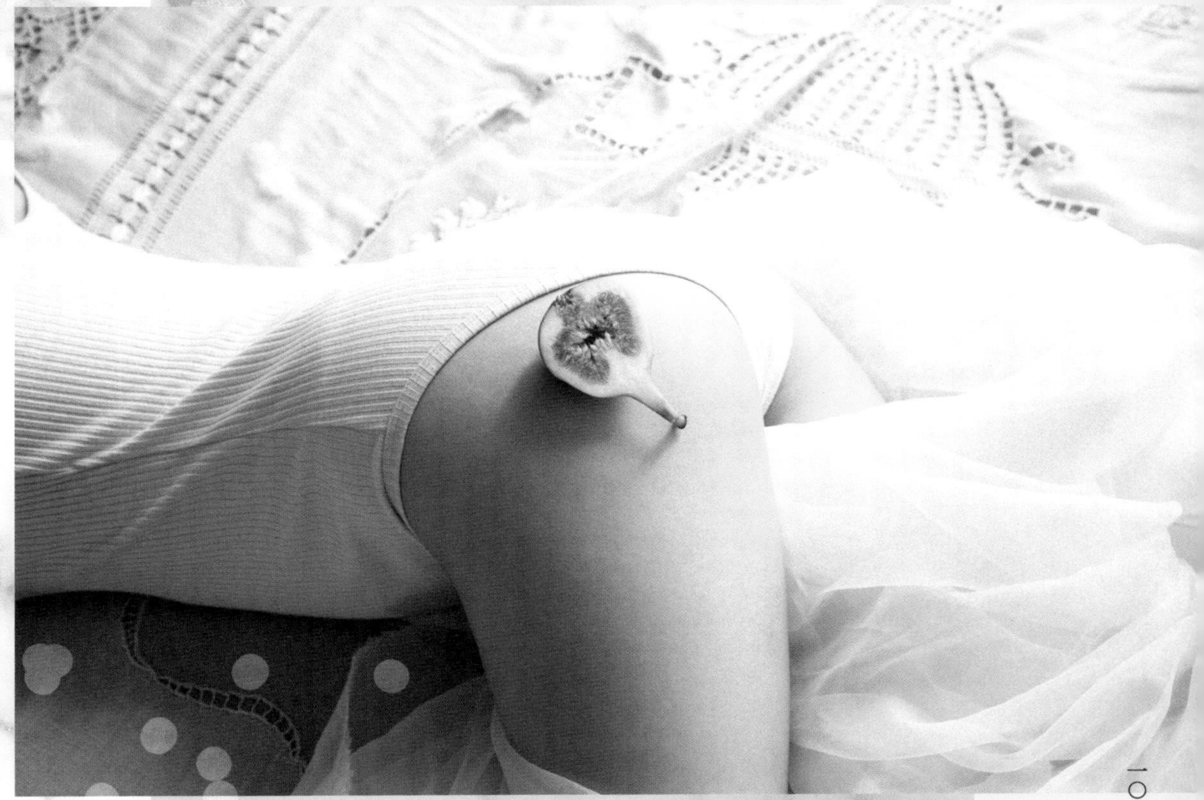

Long interview

鶴嶋乃愛が語る

鶴嶋乃愛のもの

Chap

第一章 小さいころから自分だけの世界があった

私が生まれた高知県は、山と川と空に囲まれている、本当にのどかなところ。そんな環境の中、ひとりっ子で育った私はとにかくマイペースな性格の子どもだった。1人の世界にひたりやすくて、おままごとも1人で何役もこなしながらやってたし、お人形を相手にお話もしてた。幼稚園でも1人遊びが好きだったから、みんなが外でどろんこ遊びをしているのに、私は机の下にかくれて折り紙をしていた。当時からクリエイティブ系のことが好き…それはいまでも変わらない部分。自分の世界にこもって、黙々と何かをつくるのが本当に好きだった。ママとパパからは十分すぎるくらいの愛をもらっていて、だいぶ甘やかされていたと思う。女のコが欲しがるようなおもちゃは全部持っていたかもしれない。私ってかなりの箱入り娘なんだ…って、最近気づいた(笑)。ママは年の離れた友だちのような存在で、パパはどんなときも守ってくれるヒーロー。2人ともすごく私のことが好きなんだって、幼いながらに感じてたし、毎日がとても幸せな幼少期だったよ。

がたり

鶴嶋乃愛は、偶然ではなく必然でできている。彼女が歩んできたこれまでの道を、彼女の言葉でここに記す。

ter One

第二章　夢にまで見た…モデルデビュー

モデルになりたい…という考えが頭に浮かびだしたのは、小学校4年生くらい。AKB48さんのことがすごく好きで、憧れずにはいられなかった。だって、すごくキラキラしてたから…。それまではお医者さんになりたかったけど、突然、アイドルやモデルの世界に目覚めたの。それで小学校5年生のとき、友だちと一緒にピチレモンのモデルオーディションに応募した。でも、ママはギリギリまで反対してた。きっと心配だったんだよね。田舎の温室育ちな私が東京でモデルをするなんて。でも、パパは受けさせてあげるべきだって言ってくれて、速達で応募用紙を送った。書類審査に通って、初めての東京に出てきた私がまず思ったことは「建物が、高い！」（笑）。オーディションのことはいまでもハッキリと覚えてるよ。特技を聞かれて「泣く演技です」って答えて、その場で泣いたの（笑）。それがよかったのかどうかは分からないけど、結果は見事合格。こうして憧れ

A

ていたモデルのお仕事がはじまったんだけど、それはもう、とにかく楽しかった！

可愛いメイクとお洋服、やさしいモデル仲間…永遠に撮影をしていたかった。それにピチレのときは上下関係がまったくなくて、平和そのもの。いつもニコニコ、のほほ

Chapter Two

んとしてた。でもそんな日々は突然、終わった。月に2回ほど東京に来て撮影するという日々に慣れてきたとき、ピチレモンが休刊。これからどうしよう…と思っていたらマネージャーさんが「Popteenに出てみない？」と言ってくれて、私は「はい」と返事をした。ただ、当時からPOPはギャルの雑誌というイメージが強くて、私にとっては無縁の世界。でも、可愛いページはたくさんあったし、自分ががんばれる場所ができたということだけで素直にうれしかった。ピチレモンとの空気感の差にはおどろいたけど（笑）。ひとことで表すと、ピチレモンは学校、POPはお仕事。自分でメイクすることも、上下関係がしっかりとしていることも、すべてがはじめての経験だったけど、モデルとして学ぶべきことがPOPにはたくさんあった。モデルとしてだけじゃなく、人生の学びはすべてPOPで得た…と言っても過言ではないかも。自分自身と向き合う時間が増えたから、自分が本当に好きなものを見つけられた。もちろん、POPでの時間は楽しいだけではなく、乗り越えなくちゃいけない高い壁がいろいろとあったけどね。そのひとつが、アンチ。アンチの声はほかのモデルと比べても、段違いに多かった。

Chapter

第三章

Popteenが私を変えた、変えてくれた

のあにゃん…としてPOPモデルになった中学生の私は、最初からアンチがすごかったし、まわりの空気を読もうとしすぎて、自分のキャラがきちんとつかめていなかった。だから心の中は不安でいっぱいだったし、それを隠そうとして無理にキャピキャピとしたキャラを演じていた。それなのにJKバトルでは自分のキャラを出せ、出せって言われて…。がんばりたい気持ちとどうしていいか分からない気持ちがまざって、爆発したあげく、編集長とぶつかったことも何度もあった。でも、その経験があったからこそ、メンタルがすごく鍛えられた（笑）。高校生になって、だんだんと自分の好きなものがハッキリとしてきたら、モヤモヤしていたものはふっきれた。あとはもう本気一直線。高2で人気がバーンとでないと私は終わりだ…って考えて、自分なりに密かに計画を立てたりもしてた。自分の見せ方…についてのね。とにかく、POPでは見た目はもちろんだけど、内面的な部分での成長が大きかった。自己主張や自己プロデュースもできるようになっていた。鶴嶋乃愛を形成するためのすべてがPOPで培われたの。そんな私が、先輩と呼ばれる立場になってからは、また新たな意識が加わった。私の場合、後輩に注意できるタイプではないから、行動で示すようにしていた。POPモデルはこうあるべきだ…というものを、私は私なりの方法で後輩たちに伝えたつもりだし、それをだれか1人でもいいから受け取って、いいバトンをつないでほしい。

Three

第四章　鶴嶋乃愛という人間について

Chapter　Four

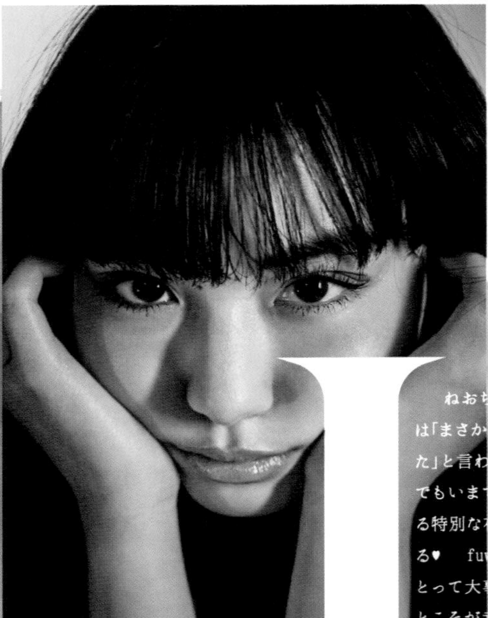

私はよく、誤解されやすい…と言われるし、不思議なコと言われることも多い。その理由は自分では分からないけど、なにかがほかのコとは違うと感じる。それってなに？　と言われると説明できないんだけど（笑）。ただ、小さいころからわりと反感を買いやすかった。だからPOPでアンチがすごかったときも、自分を客観視することに慣れてたから、そこまで傷つくことはなかった。なにより、私のまわりにいる大切な人々は私のことをたくさんほめてくれたから、その言葉が私にとっては真実で、信じるべきものだった。それに最初は誤解されていたとしても、私の中身をきちんと知ってくれた人は、私のことを好きになってくれることが多かったから、それでよかった。そうやって仲良くなった代表は、ねおちゃん。ねおちゃんには「まさか仲よくなるとは思わなかった」と言われたし、私もそう思ってた。でもいまでは友だちだけど尊敬できる特別な存在。いつも刺激を受けてる♥　fuwamilyもそうだけど、私にとって大事な人に好いてもらえることこそが幸せだし、あとは私がまっすぐに生きていければいい。そう考えれば、考えるほど、傷つくことは少なくなった。人からどう見られたい？と聞かれたら、その答えは"自分の意志がちゃんとハッキリしている人"。鶴嶋乃愛はそんな人間なんです。

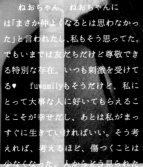

Long interview

このフォトブックの発売は、私のスタート地点。いま、モデルと女優のお仕事をやらせてもらっているけど、これから先も可能なら両方続けたい…というのが本音。だからこそ、上を目指すことに対しては常に貪欲でいたいし、いまの自分というものに満足したくない。モデルのお仕事は小学生のころから続けているから、今後はもっといろいろな方面で、いろいろな表現をしていけたらいいなと思ってる。お芝居のお仕事はまだはじめたばかりだけど、違う自分を演じるのって、すごく難しいぶん、すごくやりがいがあるから、もっと実力をつけたい。ちなみに今後やってみたい役柄は、人間味のある役とか、少しだけ狂気じみた役とか（笑）。自分の魂を燃やしながら演じてみたい。来年は20歳になるから、もっともっと心に余裕のある人間になりたいな。前はね、心に余裕がなくて、撮影のときに「笑って！」と言われるのがすごい

嫌だったこともあった。自分の笑顔が好きじゃないのに、なんで笑わないといけないの！って心がイガイガしてた。でも、心に余裕がもてるようになると自分のことが好きになって、自然と笑えるし、自分の笑顔も好きになれた。だからいまは、いろんなことが楽しいし、常にワクワクしてる。仕事が心の底から大好きだから、この世界でずっと生きていけますように…と願ってる。そのためにも、自分と向き合う時間はいままで以上に大切にしていかないとね。自分を分かってあげられるのは、結局は自分しかいないから。あと…恋愛に関しては、私のことを唯一好きだと言ってくれる人と一緒にいたい。私自身が一途だから、相手にもそうあって欲しいし、お互いが高め合える関係性でいられるのが理想。恋愛をしたから仕事はしない…とかは絶対に考えられない。どうせなら、恋も仕事も思う存分に欲張りたい（笑）。それが私らしさだから。

第五章

Chapter Five

いまがスタート地点で すべてはここからはじまる

最後にこれを読んでくれている、私の大切な人たちに伝えたいことを♥

このフォトブックにはいまの私をつめこんでいるけど、これから先も私はどんどん変わっていく。メイクもファッションも考え方も、きっと目まぐるしいぐらいに。だからこそ、ずっと目を離さないでもらいたい。そして、新しい鶴嶋乃愛に期待してほしい。これからもずっとずっと愛してね、私もみんなを愛し続けます♥

We love Noanyan♥

フォトブックの発売をお祝いする
メッセージが、続々と大集合。
みんなの愛、のあにゃんに届け♥

のあさんフォトブック発売おめでとうございます!! のあさんの魅力がたっっっっぷりであろうフォトブック(T . T)♥　私ものあさんに会えない時はフォトブックを見て会った気分になりたいと思います！(笑) これからもずっとのあさんを応援してます♥

莉子

のあちゃんファーストフォトブックおめでとうございます♥　いろいろなのあちゃんが見られる素敵なフォトブックなんだろうなあ。わくわく。すごく楽しみです♥

香音

いつも遠くの世界のお姫様みたいな存在でキラキラ輝いている、のあにゃんさんの魅力にすごい惹かれていました！　緊張してなかなかお話しできる機会がありませんでしたが、いつかツーショット撮らせてください！

権隨玲

初フォトブックの発売本当におめでとうございます！　乃愛さんの世界観がとっても素敵で大好きです♥　素敵で美しい乃愛さんを見習って私も頑張ります！

福富つき

のあちゃん、フォトブックおめでとう！　のあちゃんの世界感と独特な個性が沢山なんだろうな～っと、とっても楽しみです！　いつも優しくサバサバしてるのあちゃんの不思議な言葉に元気をもらってるから、それはファンの子達も一緒なんだろうな～と思いながら改めて深い凄い言葉だな～と！　沢山読んで一緒に語ろうね！おめでとう!!

浪花ほのか

のあにゃん！　フォトブック発売おめでとう　見るのが楽しみです♥ また早くPINKYで集まろうね!!

生見愛瑠

のあさん、フォトブック発売おめでとうございます!!　いつも素敵で世界観のある、のあさんのフォトブックを見れることが本当にうれしいです♥

平野夢来

ファーストフォトブック発売おめでとう!! 目標一直線の乃愛を見ていると私は胸にせまるものを感じます。来年の自分はどんな自分でありたいか。1年後の自分、そして2年後は3年後はこうなっているという明確なプランをいつも描き、私にも共有してくれます。そして少しずつ叶えられていることが自身の成長にも結びついてると思います。人生の経験値を増やしてこれからも進化し続けよう!!

母

ずっとずっと待ち望んでました……！ いち fuwamily として、いち救われた者として、いち後輩として…のあさんの生み出す、どんなものも美しく魅せてしまう世界がひとつの本として実在してくれることが心から嬉しいです。ずーっと読み続けます。読めなくなるまで読み続けます!!

湯上響花

Mama

Kyokyo

Crea

のあ～、ファーストフォトブック発売おめでとう!! 中学生からのあを隣でみてるからこそ、ものすごく今ののあをこの本でみられるのが楽しみです！ 自分の世界を作り上げるのが本当に上手だと感じてるので、はやくみたいな～！ サインもまってるね♥

東海林クレア

フォトブックおめでとうございます！ のあさんの唯一無二な世界観が本当に大好きで♡ とてもワクワクしてます！ POP の企画でのあさんにプロデュースして頂いたのは一生の思い出です♡ これからのご活躍も楽しみにしています！

福山絢水

Airiru

Ayamin

Model&more…

のあちゃん、フォトブック発売おめでとうございます！ のあちゃんの魅力がたくさん詰まった本とても楽しみです♥ 今度ぜひご飯行きたいです！ だいすきです！

古田愛理

Yuaty

Hanada

Yunatako

のあさん！ フォトブック発売おめでとうございます♥ のあさんの事をもっともっと知れるフォトブックが楽しみですすすす！ 本当に本当におめでとうございます～！

ゆな

I love you all too

のあさん！ フォトブック発売おめでとうございます！ のあさんの魅力的な世界にみんなが引き込まれるそんな一冊になってること間違いなしだと思います…。私ものあさんの世界が、のあさんが大好きです♥

筒井結愛

のあにゃんフォトブック発売おめでとー！ POP 加入当初、『触れられると溶けちゃう！』と言っていた女の子がこんなに美しくなるなんて☆ にゃんちゃんの魅力がつまった1冊、fuwamily ちゃんたちと共に家宝にいたします！

マネージャー花田穏裕

Editor & Staff

のあにゃんワールド全開のフォトブック、見応え抜群です！　のあにゃんとの動画撮影はいつものあにゃんのペースになってしまい自分が本領発揮できてないので、今度撮影するときはのこちらのペースで頑張ります！(笑)　悠斗も「キュンです♥」って言ってたよ！(笑)

Popteen TV・Guy

のあ、フォトブック発売おめでとう♥　どんどん魅力的に、綺麗に大人になっていくね。のあの世界観は唯一無二だから撮影していて本当楽しいし、ヘアメイクの幅も広がる！これからも楽しい事たくさんしようね〜♥

ヘアメイク・水流有沙

のあにゃんの世界観がたくさんつまったフォトブック。発売おめでとう！　自然に出るもの…といっていた世界観がこんなに人から支持されていることって、とても素晴らしいこと♥いつまでも自分を貫いて、のあにゃんワールドをこれからも見せてください！

Popteen 編集・
石村真由子

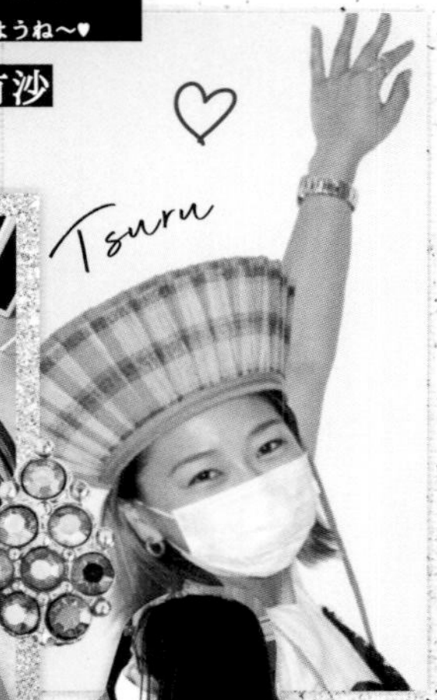

のあ、ナイっスーフォトブックおめでとう☻　自分の良さを引き出す力はえーもんがある。これからは、もっと大人な一面も見せて！　楽しみにしてるわ！これからも、仲よーよろしく☻

カメラマン・tAiki

一生懸命で不器用で可愛い、にゃんちゃん。乃愛ワールド全開で突っ走ってください！　大しゅきー♥

Popteen 編集長代理・
千木良節子

にゃんことの出会いは、じつはピチレモン。縁あってまた Popteen で一緒にお仕事するようになり、時には意見や不満がぶつかる事もあったけど、いま思えばすべてが宝物です。小学生から知っているので、どんどんオトナに成長していく姿を間近で見るたびに勝手に母親のような気持ちになってました。ずっと前から「本を出そうね」という2人の目標がこうやって、実現できたのは本当にうれしい！　誰よりも繊細で、強くて、才能あふれるにゃんこが大好きです。ずっとそのままでいてね♥

Popteen 編集長・塚谷恵

のあと初めて会った時、フワフワした不思議なコだったね。でも今は世界観を持った魅力的な女性になったよね。撮影の時は楽しかったです。初のフォトブックおめでとう！　これからも活躍、応援してます！

カメラマン・堤博之

フォトブック発売おめでとう！　大好きなのあの世界観を、隅から隅までじっくり楽しませていただきます♥

スタイリスト・
都築茉莉枝

会えば会うほど話せば話すほど、夢中にさせてくれた、にゃんにゃんこ。見た目はふわふわしているけど、芯が強くて、凛としている。そんなにゃんにゃんこが私は大好きです♥　こんなにも素敵なフォトブックに参加させてもらえたことに改めて、感謝。これからも「ようこちゃん♥」と甘えてきてね。

ライター・安藤陽子

ずっと「いつか実現したらいいな♥」と思っていたにゃんちゃんのフォトブック。ライダーの撮影もあって忙しいなか、本当にお疲れさま！　見本ページを見せてもらうたび、可愛いにゃんちゃんに癒されまくっていたよ♥　fuwamily としてほんのちょこっと、イラストページのお手伝いもできてうれしい♥　第２弾も楽しみにしてますっ♥

Popteen 編集・
工藤好

のあフォトブック発売おめでと♥　いつもののあじゃないみたいな写真にどきどき！　ますます好きになっちゃう!!　しっかりしていて優しいのあ♥　これからも応援してるよー！

スタイリスト・小野奈央

こだわりの強い乃愛の世界がギュッと詰まってる、素敵な１冊なんだろうな、とワクワクします。毎秒可愛いを更新し続ける乃愛の〝いま〟という貴重な瞬間、と思うとエモいね！(完全ファン目線♥)。フォトブック発売、本当におめでとう!!

Popteen デスク・
太田綾乃

フォトブック発売おめでとう♥　のあにゃんの感性豊かな世界観がとっても大好き!!　ヘアメイクを一緒に考えて作っていけるのあにゃんとの撮影はいつも楽しいです♥　これからも応援してます♥

ヘアメイク・斉尾千明

のあにゃんは、だれよりも可愛くて、だれよりもエモくて、だれよりも自分だけを見ていてほしい女のコ。唯一無二の存在で、のあにゃんにしかしか出せない世界観が魅力♥　人見知りだけど、気を許した人のまえでだけ出る高知弁がひそかに好きです。Popteen ののあにゃんとは少し違う、鶴嶋乃愛の魅力がたくさんの人に伝わりますように！

Popteen 副編集長・
片岡貴子

発売おめでとう!!　乃愛の個性的な世界観が大好きです！　出会いは乃愛がまだ小学生。あの時から自分をしっかり持っていたけれど、時を経てこんなにも魅力的な人になり、とても頼もしいなぁと、取材中のコメントをそばで聞いていてしみじみ思いました(泣)。撮影に参加させて頂きとっても幸せでした！

ヘアメイク・
吉田美幸

のあはいつもとにかく可愛いから撮影が楽しみで夜も眠れませんでしたよ〜。フォトブックおめでとう！　これからも頑張りすぎずに頑張ってね！

カメラマン・小川健

自分だけの〝可愛い〟を追求して、表現する努力を続けてきた姿は本当にかっこいい！　その唯一無二の世界観は、誰にも負けない乃愛だけの宝物だと思います。これからもハッピーに、世の女のコたちをドキドキさせてあげてね♥

ライター・西野暁代

フォトブック発売おめでとう。乃愛は洋服に合わせて色んなポージングしてくれるから撮影はいつも楽しいけど、その中でも今回が一番楽しかった♥　乃愛が中学生の時から一緒に仕事していたから、フォトブックが発売するって聞いてすごい嬉しかった♥　ワガママで生意気で素直な乃愛が大好きです♥　これからも成長見届けますっ♥

スタイリスト・tommy

最後まで読んでくれて
ありがとうございます。
この本を読んで下さった誰かの
想像力を掻き立てられていたら本望です。
そして、fuwamilyちゃん fuwamilyさん
私と出会ってくれてありがとう。
みんなが居てくれるからこそ私は生きてゆけます
いつもありがとう、本当に愛しています
これからもずっと一緒に夢を見ましょう。
鶴嶋乃愛

水着（カーディガンとセット）
¥9500／アンドロッティー

パンツ ¥5500／ jouetie
帽子参考商品／アンドロッティー

ジャケット¥16280／アトモス ピンク 渋谷109店
サンダル¥10120／アンドロッティー

サンダル ¥14300／ダイアナ
（ダイアナ 銀座本店）

パンツ ¥5500／ jouetie

We will love you forever♡
2020.7.31

SHOPLIST

アトモス ピンク 渋谷109店
☎ 03・6455・2472

アンドロッティー
https://andlottie.love

jouetie
☎ 03・6408・1078

ダイアナ 銀座本店
☎ 03・3573・4005

BCLお客様相談室（ももぷり）
0120・303・820

※記載のないアイテムはすべて
本人またはスタイリスト私物です。
本書に掲載している情報は
2020年7月時点でのものです。
掲載されている情報は変更になる
可能性があります。

STAFF

デザイン
福村理恵（slash）

撮影
中里謙次
［カバー、P.1～31、P.60～61、P.102～113、P.126～128］
小川健（will creative）
［P.32～47、P.54～57、P.68～69、P.74～77、
P.98～99、P.114～121］

スタイリング
tommy
［カバー、P.1～31、P.60～61、P.102～113、P.126～128］

ヘアメイク
吉田美幸（B★SIDE）［カバー、撮りおろし分］

マネージャー
花田穏裕（オスカープロモーション）

編集
塚谷恵（Popteen編集部）、安藤陽子

『恋と呼ばせて』

2020年8月8日　第一刷発行
2020年8月28日　第二刷発行

著者　鶴嶋乃愛
発行者　角川春樹
発行所　角川春樹事務所
〒102-0074
東京都千代田区九段南2の1の30
イタリア文化会館ビル5F
☎ 03・3263・7769（編集）
03・3263・5881（営業）
印刷・製本　凸版印刷株式会社

ISBN978-4-7584-1356-5 C0076

Printed in Japan